DER EISVOGEL

David Boag

DER Eisvogel

Neumann

Titel der englischen Originalausgabe
THE KINGFISHER

In 2. Auflage herausgegeben 1983 von
BLANDFORD PRESS, LINK HOUSE,
WEST STREET
POOL, DORSET, ENGLAND

Das Buch wurde ins Deutsche übersetzt von
Renate Schelling, Berlin.

Satz- und Filmherstellung besorgte die Werbedruck KG Horst Schreckhase, Spangenberg.
Printed by South China Printing Company, Hongkong.

Inhalt

Vorwort

Der Eisvogel ist einer der schönsten Vögel, und jeder Naturfreund wird beglückt sein, wenn er ihn einmal an einem Bach, See oder Fluß zu Gesicht bekommt. Doch leider ist er zugleich auch einer der gefährdetsten Vögel. Die Begradigung von Flüssen und Bachläufen, die Verbauung von Ufern, die Vergiftung des Wassers und Vernichtung des Fischbestandes sind Faktoren, die den Eisvogel immer weiter zurückgehen lassen, denn er besitzt sehr spezielle Lebensansprüche, und schon dort, wo ihm nur *eine* Voraussetzung genommen wird, muß er abwandern. Störungen am Brutplatz, nur um den prächtigen „Königsfischer" beobachten zu wollen, sollten deshalb absolut unterbleiben.

Der Autor — David Boag — hat den Eisvogel in über sieben Jahren studiert und zeigt allen Interessierten, wie sich sein Familienleben gestaltet, aber auch das als herbst-winterlicher Einzelgänger, der nicht einmal seinen Partner in seinem Revier duldet.

Das Buch enthält 66 einzigartige Farbfotos, die der Autor selbst machte und die somit vieles aus seinen Erlebnissen wiedergeben können.

Auch eine genaue Beschreibung, wie man Eisvögel dazu veranlassen kann, so lange man will, aus einer Waschschüssel zu fressen, bereichern das Buch und helfen vielleicht mit, Störungen von der Nistwand fernzuhalten.

Anregungen für eine „eisvogelfreundliche" Ufergestaltung sowie Anleitungen zum Bau einer künstlichen Nistwand, sollen all denen, die tatkräftigen Naturschutz betreiben wollen helfen, praktisch tätig werden zu können.

Jedem, der dieses Buch liest, wünschen wir schöne Stunden damit, sowie wenigstens eine eigene Eisvogelbeobachtung.

Dem Eisvogel aber wünschen wir, daß er stets genug Raum zum Leben auf unserer Erde, aber auch besonders in unserm Land findet.

Verlag J. Neumann-Neudamm

Einleitung

DIE bitterkalte Nacht war vorüber, und die nun beginnende Morgendämmerung versprach einen schönen, ruhigen und sonnigen Tag. Der Fluß glitt an den reifbedeckten Feldern entlang, und die Stille wurde nur durch den Ruf eines Rotkehlchens unterbrochen, das im nahegelegenen Wäldchen sang. Es war Mitte März und der Fluß begann, sich des bevorstehenden Frühlings bewußt zu werden. Die alte, von der Ulmenkrankheit durchlöcherte Ulme war mit dichten Efeuranken bedeckt, und tief in ihrem Schutz bewegte sich ein Eisvogel.

Der von Efeu gespendete Schutz hatte sich während der vielen Winterstürme als überaus brauchbar erwiesen. Es war offensichtlich, daß der Eisvogel viele Nächte an diesem Zufluchtsort verbracht hatte, denn der Baumstamm war mit der Tünche seines Kots bedeckt. Der Eisvogel schien entspannt als er erwachte; viele andere Vögel waren schon auf den Beinen, aber im Dunkel des Efeuschattens war sein Tag gerade erst angebrochen. Er spreizte zuerst seinen linken, dann seinen rechten Flügel, straffte sich, indem er seinen Hals mit weit geöffnetem Schnabel nach vorn reckte. Dann flog er einige hundert Meter flußaufwärts und stieß dabei sein durchdringendes Pfeifen aus.

Er setzte sich auf den schwankenden Zweig eines Haselnußstrauches, brachte die Kätzchen zum Auf- und Niederschwingen und schaute hinab in den seichten Fluß. Als er sich herumdrehte, traf die kürzlich aufgegangene Sonne das blau schimmernde Gefieder seines Rückens. Oder schillerte es grün?

Im Fluß glitt ein kleiner Elritzenschwarm in die Wasserpflanzen hinein und wieder heraus. Der Eisvogel war begierig auf seine erste Mahlzeit, da er aber seine Energie nicht an sehr kleine Fische verschwenden würde, wartete er ab und wechselte seine Sitzwarte ruhelos. Einige Meter weiter flußaufwärts jagte sich geräuschvoll ein Moorschneehuhnpaar von einer Flußseite zur anderen. Ganz plötzlich straffte sich der Eisvogel, verließ

Umseitig: Abend an den langsamfließenden Wassern meines Beobachtungsgebiets gegen Ende des Winters.
Der junge Eisvogel *(Nebenbild)* ruht sich auf einem Ast aus.

den Haselnußzweig und schoß kopfüber in den Fluß. Im Augenblick, als er auf der Wasseroberfläche auftraf, schloß er die Flügel über seinem Rücken. Fast im gleichen Augenblick war er wieder aufgetaucht und ließ einen Regen juwelenartig schimmernder Wassertropfen und immer größer werdende Kreise auf dem Wasser zurück, die sich in der Strömung des Wassers auflösten. Im Schnabel trug er eine Elritze, mit der er nun wieder auf dem Haselnußstrauch landete.

Die Elritze war groß, und er hatte sie nahe am Schwanz gepackt. Der Fisch zappelte heftig, aber der Vogel hatte ihn fest im Griff. Der schwache Haselnußzweig konnte jedoch kaum das Gewicht tragen, so daß er mit dem Fisch zu einem hölzernen Geländer flog, das über der Stelle, an der die Moorschneehühner verschwunden waren, herausragte. Auf diesem kräftigeren Holzbalken rückte er sich den Fisch zurecht, und mit einigen schleudernden Bewegungen seines Kopfes schlug er den Fisch zweimal auf das Holz. Dann drehte er den immer noch zappelnden Fisch in seinem Schnabel und verschlang ihn mit dem Kopf voran. Dabei schüttelte sich der Vogel, als ob er den Fisch seinem Kropf anpassen wollte, und nachdem er zweimal seinen Schwanz hin und her bewegt hatte, kehrte er zum Haselnußstrauch zurück. Die Elritzen waren nach seinem ersten Tauchen verschreckt und befanden sich jetzt im Schutze der Wasserpflanzen. Der Eisvogel war zu ungeduldig, um darauf zu warten, daß sie wiederkehrten; deshalb verließ er den Haselnußstrauch, um zu einem anderen Ort zu fliegen, den er gut kannte.

Das Fischen war jetzt im Frühjahr viel einfacher für den Eisvogel geworden, obwohl es kein strenger Winter gewesen war, so daß die seichten Stellen nicht zugefroren waren. Der Schneefall hatte nur ein paar Tage angehalten. Probleme hatte es jedoch mit den schweren Regenfällen gegeben, als zweimal der Fluß über die Ufer getreten war. Mehrere Tage lang hatte sich der Eisvogel abmühen müssen, um Fische zu fangen, denn im trüben Wasser waren sie nur schwer zu finden. Mehr als einmal hatte er deshalb Goldfische aus dem Pfarrhausteich gestohlen, den er ganz zufällig — über hundert Meter vom Fluß entfernt — entdeckt hatte. Während der Überschwemmung hatte er zusätzlich mit einem anderen Eisvogelmännchen zu tun, welches versuchte, sein Revier zu besetzen. Dieser Eisvogel war durch den hohen Wasserspiegel flußabwärts verschlagen worden und genauso hungrig wie er. Ein ganzer Tag war damit verschwendet worden, seine Rechte zu verteidigen. Dabei wurde eine Menge Energie verbraucht. Doch endlich hatte er es geschafft, den Eindringling flußabwärts zu vertreiben.

Die Sonne war nun ganz aufgegangen und hatte den meisten Rauhreif weggeschmolzen. Der Eisvogel hatte drei oder mehr Fische gefangen und fühlte sich wohl. Er befand sich an einem seiner Lieblingsplätze an einem kleinen Seitenarm des Flusses. Das Wasser stürzte über ein paar Eisenbahnschwellen, die der Bauer über den Bach gelegt hatte; oberhalb der Schwellen war das Wasser tief genug für den Bauern, seine Pumpe aufzu-

stellen, um das Weideland zu bewässern. Es war das Gebiet unterhalb des kleinen Wasserfalls, das den Eisvogel interessierte, denn dort schwärmten die Elritzen umher. Sie befanden sich auf dem Weg stromaufwärts und waren durch die künstliche Sperre aufgehalten worden. Sie waren jedoch langsam hindurchgekommen, denn der Damm war nicht sehr dicht und ließ an den Ecken Wasser vorbei. Die Länge des Eisvogel-Reviers betrug etwa 4 bis 5 km, zuzüglich des kleinen Nebenarms. Selten nutzte er aber alles; in Wirklichkeit „teilte" er ein Stück mit einem Weibchen, das im letzten Jahr seine Partnerin gewesen war. Praktisch wurde dieser Flußabschnitt jedoch aus Furcht, daß der andere gerade anwesend sein könnte, von keinem der beiden Vögel häufig genutzt. Während des Winters war die Beziehung — gelinde gesagt — eine Strapaze gewesen. Er konnte es nicht ertragen, wenn sie zu nahe bei seinem Revier fischte;denn seine Lieblingsfangplätze waren ihm heilig. Folglich war etwa ein halber Kilometer des Flusses, den sie teilten, Niemandsland geworden. Nun hatte er aber den Drang, sich in dieses Niemandsland zu begeben. Er flog schnell und tief, folgte jeder Krümmung und Biegung des Wasserlaufs, bis er den Hauptfluß erreichte, wo er sich ein paar Minuten lang auf dem Geländer eines Stegs ausruhte. Eine Krähe flog hoch oben und schrie heiser. Der Eisvogel verfolgte ihre schwarze Silhouette, bis sie sich mit langsamen Flügelschlägen weit wegbewegt hatte. Er konnte große Vögel, die über ihn hinweg flogen nicht leiden, und war immer besorgt, wenn sie in der Nähe waren. Er kratzte sich mit seinem Fuß die Kopffedern und flog flußabwärts. Als er an der alten Brücke ankam, an der die Hauptstraße den Fluß überquerte, gewann er schnell an Höhe, und etwa dreißig Meter von der Brücke entfernt landete er oben auf einer großen Buche. Von diesem Aussichtspunkt konnte er das Treiben unten auf der Brücke beobachten: Die Lastwagen, die vibrierend mit einem plötzlichen Zischen der Druckluftbremsen langsam zum Stehen kamen; Ampeln, die von Grün über Gelb nach Rot wechselten und umgekehrt; Rauch und Dunst, die die Luft erfüllten und schon jahrelang die Brücke geschwärzt hatten. Selbst jetzt noch pflegte er diesem Treiben zuzuschauen und auf der Buche zu rasten, bevor er weiterflog. Der Zeitpunkt schien etwa richtig zu sein, also verließ er die Buche und fiel wie ein Stein bis auf einen halben Meter über dem Wasser hinunter. Er fing sich ab, hielt sich dicht am Ufer und zielte auf einen der drei Brückenbögen, die das Wasser überspannten. Dann schoß er hindurch und hielt nicht eher an, bis er an seinem Ziel angelangt war.

Die Umgebung auf der anderen Seite der Brücke sah etwas anders aus. Dort gab es keine Bäume und Sträucher, die das Flußufer bedeckten, sondern nur den Stacheldrahtzaun, der am Uferrand entlangführte und gelegentlich bis in das Wasser reichte, um dem Vieh eine Tränke zu schaffen. Am anderen Ufer schlängelte sich ein Pfad am Fluß entlang, und etwa alle zwanzig Meter war eine Weide gepflanzt worden. Wie ein blauer Blitz erschien der Eisvogel, bog scharf rechts ab in

Richtung auf eine Weide und landete auf einem der unteren Zweige. Er war stillschweigend angekommen. Es war Monate her, seit er sich so weit flußabwärts gewagt hatte, und er fühlte sich ein wenig unsicher. Ein großer schwarzer Hund lief mit der Nase an der Erde im Zickzack den Pfad entlang. Der Eisvogel drehte sich, um ihn anzusehen, und beobachtete jede seiner Bewegungen mit Interesse. Plötzlich duckte sich der Eisvogel, spannte sich an und seine Augen starrten verstört dorthin, wo der Hund zuerst erschienen war. Ein Mann mit wettergebräuntem Gesicht, bekleidet mit einer Jacke und Mütze aus Tweed, war um die Ecke gekommen. Die Hundeleine hing aus seiner Jackentasche heraus, und er schwang einen Spazierstock. In blinder Panik rief der Eisvogel zweimal, während er weiter flußabwärts floh. Der Mann erkannte den blauen Blitz und erzählte an diesem Abend seiner Frau, daß er einen Eisvogel neben dem Pfad gesehen habe.

An seiner neuen Fangstelle hatte der Eisvogel gerade einen kleinen Weißfisch aus dem Fluß geholt und verschlungen, als er ein Geräusch hörte, das ihm das Blut in den Kopf schießen ließ. Ein anderer Eisvogel hatte zweimal gerufen, und er konnte feststellen, daß dieser schnell in seine Richtung flog. Zuerst unsicher, dann aber plötzlich selbstsicher rief er herausfordernd und nahm eine aggressive Haltung an. Einen Augenblick lang war Ruhe, dann schwirrte ein Weibchen an ihm vorbei. Er rief hinter ihr her. Indem er sich gelegentlich in seiner Erregung nach unten neigte, wartete er schweigend auf ihre Rückkehr. Gerade konnte er noch ihren Ruf flußaufwärts hören. Trotzdem wartete er, bis sie dicht über dem Wasser als ein Spiegelbild seiner selbst — abgesehen vom Rot ihres Unterschnabels — zurückkehrte. Sie ließ sich auf dem Heck eines halbgesunkenen Ruderbootes jenseits des Flusses nieder und stellte sich mit aufrechter Haltung, jedoch mit geschlossenem Schnabel, zur Schau. Er rief sie mit einem leisen Pfeifton. Sie antwortete, und beide fuhren mit einer Folge wechselseitigem Piepsen fort. Eine feiste Elritze schimmerte im Wasser unterhalb des Männchens, und im nächsten Augenblick wurde der unglückliche Fisch zum Ruderboot getragen. Er schlug den Fisch dreimal auf das alte Holz und drehte ihn sofort in seinem Schnabel, so daß der Kopf hinausschaute. Dann schleppte das Männchen den immer noch zappelnden Fisch zum Bootsheck und bot ihn dem Weibchen an. Mit flatternden Flügeln bettelte das Weibchen um das Fressen und als das Geschenk überreicht wurde, erreichten die aufgeregten Rufe ein Crescendo. Einen Augenblick lang stand das Männchen in Balzgebärde aufrecht, bevor es davonjagte und ermutigend pfiff, damit das Weibchen ihm folge. Nahe dem Ufer, an dem das Pärchen während der letzten Brutzeit einen Stollen in die Erde gegraben hatte, setzte sich das Männchen. Das alte Nestloch erregte immer noch seine Aufmerksamkeit. Noch war das Weibchen ihm nicht gefolgt, also wartete er und ließ sich bereitwillig die Federn von der Brise aufplustern. Wolken zogen ruhig über den Himmel, und der Wind, der etwas stärker geworden war, erfüllte die Luft mit feuchter Kälte. Im letzten Jahr hatte er viele Stunden an dieser Stelle verbracht. Zuerst während der Gang und die Nestkammer gegraben worden waren. Dann war die ständige Beschäftigung gekommen, die Jungen zu füttern, alle paar Minuten zum Nest hin- und von ihm wegzufliegen, um mit ihren Bedürfnissen Schritt zu halten.

Der Zweig, auf dem der Vogel saß, wurde in Schwingungen versetzt, als ein sehr heftiger Windstoß ihn vor Kälte erzittern ließ. Er hatte genug Zeit am alten Nestplatz vergeudet, und die Kälte in seinem Körper ließ ihn den Hunger spüren. Es gab hier keine guten Fischfangplätze, also flog er dicht über dem Wasser am gesunkenen Ruderboot vorbei. Er rief zweimal, aber das Weibchen antwortete nicht.

Dieses Mal zögerte er nicht an der Brücke, sondern flog direkt durch den mittleren Brückenbogen hindurch. Nachdem er an seinem Lieblingsplatz des Seitenarms angekommen war, rief er laut und herausfordernd. Dreißig Meter flußaufwärts war ein Traktor in Betrieb, der die Hecke in Form brachte. Sein Schneidearm war ausgestreckt, aber einen Meter zu kurz, so daß er mit einem Rad im Fluß fahren mußte, um dichter an die Hecke heranzukommen. Haltsuchend drückten sich die großen Räder in den lockeren Boden und wirbelten dabei den Schlamm auf, der nun als schmutzige Wolke flußabwärts trieb.

Der Eisvogel hatte erst eine Elritze gefangen, als der Schlamm eintraf, und obwohl er den Teich unterhalb des Wasserfalls von jedem Winkel aus durchsuchte, konnte er nichts im trüben Wasser erkennen. Zehn Minuten vergingen, ehe er wieder einen Fisch fing — diesmal aus einem Kanal, in dem sich unterhalb der Pflanzen Stichlinge versteckt hielten. Längs des Kanals gab es sehr wenige geeignete Sitzplätze; deshalb war er gezwungen, einen Augenblick lang zu schweben, bevor er kopfüber ins Wasser tauchte. Als es anfing zu regnen, wurde der Wasserspiegel von einer Unzahl wiederverschwindender Kreise zersplittert. Er fing noch einen Stichling und kehrte zum nächsten Zaunpfahl zurück, wo er den Fisch totschlug, bevor er ihn verschlang. Sein Appetit war noch nicht ganz gestillt, so daß er dem Kanal bis zum Hauptfluß folgte und gegenüber der alten Ulme landete. Er konnte den fernen Ruf des Weibchens flußabwärts hören, doch blieb er wo er war und putzte die Regentropfen von seinen Federn.

Die Abendstimmung senkte sich über den Fluß, als er das Wasser überquerte und im Efeu, der sich an der Ulme festklammerte, verschwand. Wind und Regen schüttelten heftig die Efeublätter, aber der Zweig, auf dem er saß, war sicher. Nach einigen Minuten schaute er durch das tanzende Schutzdach, steckte dann seinen Schnabel unter die Flügel und ruhte sich aus. Es würde eine stürmische Nacht werden, aber im Schutz des Efeus würde der blaugrüne Fischer des Baches seine Ruhe haben.

Beschreibung und Verbreitung

DER Eisvogel ist unbestreitbar einer der schönsten und eindruckvollsten Vögel Europas. Er hat ein strahlendes Gefieder und einen bemerkenswerten Lebensstil: Die meiste Zeit des Herbstes verbringt er damit, gegen seine Nachbarn zu kämpfen; er nistet tief unter der Erde, am Ende eines meterlangen Ganges und erbeutet seine Nahrung, indem er kopfüber in das kalte Wasser von Bächen und Teichen taucht. Dieser Vogel braucht nicht erst lange vorgestellt zu werden, denn jeder, der auch nur ein flüchtiges Interesse an Flora und Fauna hat, vermag den Eisvogel wiederzuerkennen, eine Verwechslung ist ausgeschlossen. Um die Färbung und das Leben des Vogels, der von Tennyson als ,,der heimliche Glanz der Bäche" beschrieben worden ist, sind viele Legenden gesponnen worden. Leider wird der Eisvogel auch bei uns immer seltener und man sieht ihn nicht oft; eine ältere Dame gab mir einmal zu verstehen, daß ,,überhaupt nur die Gerechten den Eisvogel sehen".

Der Eisvogel gehört zu der Ordnung, die man als rackenartige Vögel bezeichnet, und viele Vögel dieser Ordnung, zu der Hopfe, Bienenfresser und Racken gehören, haben ein farbenfrohes Gefieder.

Ihre Größe variiert sehr, von den winzigen Todi bis zu den riesigen Nashornvögeln, jedoch ein gemeinsames Charakteristikum sind ihre syndaktylen Füße, d. h. die dritte und vierte Zehe jedes Fußes sind teilweise zusammengewachsen. Kein Vertreter der rackenartigen Vögel baut Nester; entweder graben sie ein Nestloch, oder sie finden eine passende Höhle für die Aufzucht ihrer Brut. Weil dieser Nesttypus so gut geschützt ist, sind die Eier charakteristischerweise weiß und rundlich. Die Jungen sind blind und nackt, wenn sie aus dem Ei schlüpfen und werden im Nest aufgezogen. Die im wesentlichen fleischfressenden rackenartigen Vögel ernähren sich von einer großen Vielfalt kleiner Tiere, z. B. von Insekten, Eidechsen, kleinen Säugetieren und Fischen. Die Familie der Eisvögel oder *Alcedinidae* ist eine von sieben Familien, die zu den rackenartigen Vögeln gehört.

Unterseite des rechten Fußes eine jungen Eisvogels mit zusammen-gewachsenen Zehe (syndaktylisch).

Die Familie der Eisvögel enthält 90 rezente, also heute noch existierende Arten. Ihre in der Körperform typischen Vertreter kann man auf der ganzen Welt — außer in den Polargebieten — finden. Die Familie der Eisvögel ist ihrerseits in zwei Unterfamilien aufgeteilt: die *Alcedininae* und die *Daceloninae.* Die *Daceloninae* schließen die großen Wald-Eisvögel mit ein. Diese erbeuten keine Fische und hängen nicht von einem Gewässer als Standort ab. Ebenso wie ihre Nahrung hat sich auch ihr Aussehen verändert. Der australische Kookaburra ist möglicherweise der bekannteste Vertreter der Gattung *Dacelo.* Die *Alcedininae* halten wir für die eigentlichen Eisvögel. Sie sind kleiner, haben lange, kräftige und spitze Schnäbel, kurze Beine und die Angewohnheit aufrecht zu sitzen. Es ist die Gruppe von Vögeln, die auf Fische Jagd macht. Sie gleichen alle in Form und Lebensweise dem europäischen Eisvogel *(Alcedo atthis),* der der verbreitetste Eisvogel der Welt und der einzige in Europa brütende Eisvogel ist. (Ein aufmerksamer Leser mag bemerkt haben, daß der Gattungsname *Dacelo* ein Anagramm für *Alcedo* ist.)

Das Brutgebiet des *Alcedo atthis* umfaßt den größten Teil Europas von den Britischen Inseln ostwärts bis zum Kaspischen Meer und von einer nördlichen Grenze etwa bei Mittelschweden südwärts bis nach Nordafrika. Der *Alcedo atthis ispida,* eine eigenständige Rasse, brütet auf den Britischen Inseln, breitet sich aber nicht so weit nach Osten und in südlicher Richtung nur bis nach Spanien, Norditalien und Rumänien aus.

Der Eisvogel ist in vielen Veröffentlichungen über Tier- und Pflanzenwelt genau abgebildet und wegen seiner prächtigen Farben häufig als Gegenstand für Postkarten und alle möglichen Verzierungen benutzt worden. Dennoch hatten nur wenige Menschen das Glück, den Eisvogel aus nächster Nähe beobachten zu können. Viele enthusiastische Vogelbeobachter müssen sich damit begnügen, nur das Aufblitzen eines kleinen blauen Pfeiles entlang des Flusses zu sehen.

Es wird oft vermutet, daß der Eisvogel viel größer als in Wirklichkeit sei, weil viele Fotografien und Bilder keine Vorstellung von seinen Proportionen vermitteln. Freunde von mir, die gute Vogelkenner sind, waren ziemlich überrascht, als sie Eisvögel aus nur zwei Metern Entfernung von einer meiner Verstecke aus beobachteten. Tatsächlich beträgt die Gesamtlänge des Eisvogels von der Schnabelspitze zum Schwanzende nur 16,5 - 18,5 cm. Die Körpergröße geht nur wenig über die eines Haussperlings hinaus, wenn er auch infolge seines übergroßen Kopfes und Schnabels und seines gedrungenen und gestutzten Schwanzes ein kräftiges Aussehen hat. Betrachtet man den unverhältnismäßig großen Kopf und Schnabel sowie den kurzen, kräftigen Hals, dann ist der Vogel zweifellos in der Lage, unter schwierigen Bedingungen mit vergleichsweise großer Beute umzugehen. Dieser stämmige kleine Vogel ist bei einem Durchschnittsgewicht von 36 - 37 g ziemlich schwer für seine Größe. Das von mir verzeichnete Minimalgewicht beträgt 30,2 g, das Maximalgewicht 47 g. 82 % der registrierten Gewichte liegen jedoch zwischen 34,2 und 39,5 g.

Seine Färbung ist auffallend schön. Von der Rückseite ausgehend, sieht man einen leuchtenden türkisfarbenen Streifen, der vom Nacken des Eisvogels — den Rücken hinuntergehend — Rumpf und Schwanz bis zum Ende bedeckt. Das Blau wird häufig als strahlendes Kobaltblau, das bis ins Smaragdgrün reicht, beschrieben. Die Farbe ist so schillernd, daß Worte hier versagen, und es scheint nur richtig zu sein, die Farbe nach dem Vogel zu nennen; daher der Begriff „Eisvogelblau". Sobald der Vogel eine Bewegung ausführt, scheint die Blauschattierung sich zu verändern; wenn er seinen Körper auch nur ein wenig dreht, erscheint sein Gefieder nicht mehr blau, sondern smaragdgrün; nur einige Augenblicke später ist er schon wieder blau gefärbt. Die Farbgebung wechselt zusammen mit dem auf die Federn einfallenden Licht. Der Blau-Grün-Effekt resultiert aus der Streuung reflektierten Lichts durch eine besonders modifizierte farblose Struktur innerhalb der Federn, die über einer Schicht schwarzen Melanin-Pigmentes liegt. Dies wird als Tyndall-Effekt bezeichnet.

Nur die äußerste Spitze jeder Feder ist derart schön gefärbt. Jede Feder für sich genommen bietet eine ziemliche Enttäuschung. Dennoch, die Anordnung der Federn unten am Rücken des Vogels vermittelt den Eindruck eines geschlossenen, leuchtenden und türkisfarbenen Streifens. Flügel und Kopf haben eine dunklere Türkisschattierung, mit einem helleren Blau leicht gesprenkelt. Die Tupfen auf Flügeln und Kopf laufen allmählich in Linien aus, und die genaue Überprüfung läßt erkennen, daß sich genau an der Spitze jeder Konturfeder ein winziger türkisfarbener Fleck befindet. Bei älteren Vögeln scheint der Kontrast zwischen den beiden Blauschattierungen nicht so ausgeprägt zu sein. Die gesamte Unterseite von Brust, Flanken und Bauch hat eine wunderbar warme kastanienbraune Farbe. Die Bedeckung der Ohren ist ebenfalls kastanienbraun, und zu beiden Seiten des Halses befindet sich ein weißer Tupfer, das Kinn oder Lätzchen ist ebenfalls weiß.

Beine und Füße sind besonders bemerkenswert. Die Füße sind, wie wir gesehen haben, syndaktylisch, ziemlich klein und schwach, und sie werden nur für einen gelegentlichen Hopser oder Seitenschritt auf dem Ast gebraucht. Die Beine sind ebenfalls sehr kurz und haben die gleiche Farbe wie die Füße. Bei ausgewachsenen Vögeln sind die Füße hellrot und haben schwarze Klauen; die Füße der Jungen hingegen sind, wenn sie das erste Mal aus dem Nest kommen, völlig schwarz. Der Farbwechsel der Beine und Füße ist eine nützliche Orientierungshilfe bei der Altersbestimmung eines Jungvogels. Jeder einzelne Vogel entwickelt sich offenbar mit einer anderen Geschwindigkeit, und wegen der langen Brutzeit der Eisvögel verlassen Jungvögel über einen Zeitraum von 4 Monaten die Nester. Im allgemeinen begannen die Füße der Jungvögel, deren Reifeprozeß ich beobachtet habe, nach etwa 2-$2^1/_2$ Monaten eine schwarz-rote Fleckung zu zeigen und wurden dann in den 3 folgenden Monaten allmählich rötlicher, bis sie nach 4-5 Monaten vollkommen rot waren. Das dauert etwa bis Januar, bis zu dem Zeitpunkt, zu dem die Jungvögel ihre Mauser beendet haben und genauso aussehen wie ihre Eltern. Wenn die flügge gewordenen Vögel zum ersten Mal das Nest verlassen, haben ihre Brustfedern noch nicht die gleiche Orangefärbung wie die der erwachsenen Vögel, sondern bis zur ersten Mauser noch eine Brauntönung. Sie sehen einige Tage ziemlich zerzaust aus und sind aus der Nähe betrachtet merklich kleiner.

In vielen Lehrbüchern und Feldführern wird behauptet, daß die Geschlechter gleich seien. Das trifft in bezug auf Größe und Gefieder zu. Der Schnabel aber birgt das Geheimnis der Geschlechtsunterscheidung: Beim Männchen ist der glänzende Schnabel vollkommen schwarz, beim Weibchen hingegen ist der Oberschnabel schwarz, der untere aber hell-orangerot. Der Schnabel eines erwachsenen Vogels ist 3,5-4,5 cm lang, jedoch dauert es mehrere Monate, bis der Schnabel eines Jungvogels voll ausgewachsen ist. Das Junge hat außerdem an der Spitze beider Schnabelhälften einen weißen Fleck; dieser verblaßt langsam, aber es dauert viele Monate, bis er völlig verschwunden ist. Die Röte des Unterschnabels beim Weibchen ist während der ersten Monate nicht wahrnehmbar, so daß männliche und weibliche Jungvögel gleich aussehen. Die Rotfärbung zeigt sich bei einzelnen Vögeln wiederum in verschiedenen Altersstufen. An einem 1. August erschien ein Jungvogel ganz in der Nähe meines Verstecks. Ihn konnte ich noch mehrere Monate lang jeden Tag beobachten. An diesem Tag hatte er offenbar erst vor kurzem das Nest verlassen, denn er zeigte nur wenig Geschick bei dem Versuch, Fische aus dem Becken zu fangen, das sich vor dem Versteck befand. Seine Füße waren vollkommen schwarz, ebenso sein Schnabel. Am 17. August schrieb ich in mein Tagebuch: „Es scheint ziemlich sicher zu sein, daß der Vogel ein junges Weibchen ist; der Unterschnabel wird im Zentrum rot." Am 8. September schrieb ich: „Das Rot des Unterschnabels wird sehr deutlich." Das Titelbild des Buches zeigt denselben Vogel Anfang November. Dieser Vogel reifte sehr früh; meist ist es Herbst, ehe man das Geschlecht der Jungen bestimmen kann.

Ein Ergebnis aus Beringungsprogrammen der Britischen Treuhandgesellschaft für Ornithologie verweist darauf, daß die Röte des Unterschnabels beim Weibchen erst nach dem Februar des folgenden Jahres auftritt. Von der großen Anzahl junger Vögel, die gefangen und beringt wurden, hatten die meisten schwarze Schnäbel; sehr wenige zeigten etwas rot. Nach meiner eigenen Erfahrung sind Weibchen schon ab Januar bestimmbar, und die Paarbildung kann schon Anfang Februar stattfinden, dann nämlich, wenn jeder Vogel am vorteilhaftesten aussieht und am besten zu unterscheiden ist. Bei manchen Weibchen mag der Unterschnabel völlig rot sein, die Mehrzahl behält aber eine schwarze Spitze zurück.

Jeder Eisvogel hat sein ganz individuelles Verhaltensmuster: einige sitzen in einer bestimmten Art und Weise auf Lieblingsplätzen, andere mögen in einer bestimmten Flugbahn herannahen. Von einem Eisvogelpärchen, das ich beobachtete, schnitt das Weibchen immer ein Stück der Flugbiegung ab, das Männchen jedoch folgte immer seiner Biegung; so wußte ich immer, welcher Vogel gerade ankam. Wenn man all diese kleinen, aber interessanten Merkmale zusammennimmt, wird es bald möglich, nicht nur Geschlecht und ungefähres Alter zu

: Ausgewachsenes
gelweibchen mit
harakteristischen
Unterschnabel.
angeroten Füße,
erkmal der
gel, sind
ichtbar. ▶

inks: Ausgewach-
Eisvogel-
chen.
hl die obere
ch die untere
belhälfte
chwarz.

s: Ein junger
gel mit einem
s glanzloseren
der und einem
ren Schnabel
eim Altvogel
dunklen Füßen. ▶

bestimmen, sondern auch einzelne Vögel zu unterscheiden.

Wie findet man diesen schwer faßbaren Vogel? Man könnte glauben, daß bei einem so strahlenden Gefieder sein Vorkommen schwer zu verbergen wäre; aber aus irgendeinem Grunde kann man an Flüssen und Bächen vom Anfang bis zum Ende entlanglaufen, ohne ihn nur flüchtig zu erblicken. Zweifellos kann man diesen Vogel, ohne ein Versteck zu verwenden, nur schwer beobachten. Wenn der Vogel gerade nicht fliegt, ist das leuchtende Gefieder erstaunlich unscheinbar.

Das Blau-grün nimmt die Farbe der Blätter an, und der Eisvogel verschmilzt mit den Bäumen und Sträuchern der Umgebung. Während der Wintermonate sehen die Brustfedern wie ein Herbstblatt aus. Der völlige Kontrast zwischen Blau und Orange löst die Silhouette des Vogels auf und wirkt wie eine Art Tarnung, die es dem Auge sehr schwer macht, ihn zu erkennen.

Der Eisvogel ist besonders menschenscheu. Sobald er jemanden wahrgenommen hat, fliegt er flußabwärts davon. Wenn man sein Verhalten mit dem anderer, ähnlich großer Vögel vergleicht, werden die Probleme der Beobachtung von Eisvögeln ersichtlich. Ein Rotkehlchen, Spatz oder Star geht seiner Beschäftigung weiter nach, während ein Beobachter aus 15-20 m Entfernung mit dem Feldstecher zuschaut; sie werden kaum ein Anzeichen von Unruhe zeigen, wenn der Vogelbeobachter nicht erheblich näher kommt. Viele Singvögel und Meisen dulden es, wenn man noch näher kommt und füttern sogar ihre Jungen im Nest, während ein Beobachter in nur ein paar Metern Entfernung ruhig sitzt. In der Regel ist der erste Hinweis auf einen Eisvogel ein blaues Aufblitzen, das flußaufwärts fortschwirrt. Ist er erst einmal gestört worden, fliegt er gewöhnlich eine beachtliche Strecke, bis er außer Sicht ist, oft um eine Flußbiegung herum.

Wenn ich einen Eisvogel störe und dann beobachte, wie er hinter einer Flußbiegung verschwindet, kann ich ihn oft nicht wiederfinden, auch wenn ich vorsichtig seiner Bahn folge und meine Augen und Ohren sich sehr auf diese Vögel eingestellt haben. Entweder ist der Vogel sehr viel weiter den Fluß hinuntergeflogen, als ich es mir vorgestellt hatte, oder es ist ihm gelungen kehrtzumachen, ohne daß ich es bemerkte.

Halten Sie gründlich Ausschau, wenn Sie am Flußufer entlanglaufen und benutzen Sie einen Feldstecher, um jeden geeigneten Punkt über dem Wasser erblicken zu können, z. B.

Baumstämme, Mauern, Brücken und jeden überhängenden Zweig. Passen Sie besonders dort auf, wo der Fluß breiter wird, an einer Biegung zum Beispiel, wo das Wasser langsamer wird und häufig seichter ist. Fische versammeln sich gern an diesen seichten Stellen, besonders im Sommer, und der Eisvogel zögert nicht, seinen Vorteil daraus zu ziehen. Die lohnendste Art, den Eisvogel zu beobachten, ist ein Versteck am Lieblingsfischplatz zu errichten. Es mag mehrere Stunden dauern, bis der Vogel erscheint, aber das lange Warten wird der Mühe wert sein, und Sie können in den Genuß kommen, aus nächster Nähe zu sehen, wie der Eisvogel Fische fängt. Ein kleines, tragbares Versteck ist das einzige wichtige Ausrüstungsstück für einen Vogelfotografen und eine ständige Quelle des Vergnügens für einen Ornithologen.

Obgleich der Eisvogel im ganzen gesehen sehr scheu und empfindlich ist; gibt es immer einige Ausnahmen. Von ortsansässigen Anglern ist mir erzählt worden, daß Eisvögel manchmal auf ihren Angelruten gelandet sind und sich nicht wegbewegt hätten, bis man sie absichtlich verscheuchte. Bei einer Gelegenheit tauchte ein Eisvogel sogar und kehrte mit einem Fisch zur Angelrute zurück, wo er ihn vor den Augen des faszinierten Anglers verschlang. Es gab auch in einer Lokalzeitung einen Bericht über einen Eisvogel, der im Zierteich der Gartenanlagen von Bournemouth seinen Daueransitz bezog, ungeachtet der andauernden Störung durch Menschen.

Die Standortwahl des Eisvogels ist begrenzt durch das Vorhandensein von Beute zu bestimmten Jahreszeiten, durch den Mangel an passenden Nistplätzen und durch widrige Witterungsbedingungen. Der ideale Standort ist ein langsam fließender, seichter Fluß oder Bach, dessen Ufer dicht bewachsen sein sollten. Der Fluß muß sauber genug sein, um den Lebensraum für einen großen Bestand kleinerer Fischarten zu bieten. Im Idealfall sollte sich über einen Teil des Nistgebietes ein Steilhang erstrecken. Zum Glück ist der Vogel kein Perfektionist, und jeder Platz, an dem es Wasser gibt, wird wohl irgendwann einmal von einem Eisvogel aufgesucht werden. Es ist schwierig, den Standort zu erörtern, ohne nicht ständig an die Fische, von denen der Vogel lebt, zu denken. Betrachtet man eine der unwahrscheinlichsten Umgebungen für den Eisvogel, z. B. einen stürzenden Gebirgsbach, so ist es nicht das stürzende Wasser, das den Standort ungeeignet macht, obwohl es den Fischfang zu einer schwierigen Aufgabe machen mag; weder die Tiefe noch die geringe Breite eines Baches vertreiben

Ein einsamer Teich, der Wohnsitz eines Eisvogelpaares.

den Vogel aus solch einem Gebiet, sondern es ist einfach eine unzureichende Menge geeigneter Fische. Wasserverschmutzung beeinträchtigt den Eisvogel nicht unmittelbar, jedoch vernichtet sie die Fische, so daß der Vogel gezwungen ist, sich an einem reineren Gewässer niederzulassen.

Ich besuchte einmal ein Bauernhaus mitten in einem Dorf, in dessen kleinem Garten sich ein Teich befand. An der Oberfläche war der Teich nur 3 oder 4 qm groß und konnte von den umliegenden Häusern überblickt werden. Ein belebter Fußweg grenzte an den Garten. Der nächste Fluß war etwa 0,5 km entfernt, und es schien nicht so auszusehen, als ob der Teich jemals von einem Eisvogel aufgesucht werden würde. Im Teich befanden sich aber Hunderte von kleinen Goldfischen, und der Besitzer des Bauernhauses versicherte mir, daß ein Eisvogel wenigstens zweimal täglich den Teich aufsuche und etwa eine Stunde im Garten verbringe. Man kann den Garten wohl kaum als typischen Lebensbereich eines Eisvogels bezeichnen, aber er gehörte wegen der Fische zum Revier dieses Eisvogels.

Auch die Witterung hat Einfluß darauf, wo Eisvögel leben und brüten. In Deutschland wird der Eisvogel deshalb so genannt, weil er sich vor dem vordringenden Eis nach Süden zurückzieht. Das muß er tun, weil die Flüsse zufrieren und ihm die Fische unter dem Eis verschlossen sind. Auf den Britischen Inseln ist dies selten, zumal nur sehr wenige Flüsse völlig zufrieren. Der Eisvogel kümmert sich kaum um die Kälte, sofern ein fangbarer Fischvorrat vorhanden ist. Extreme Kälte aber, bei der die Gefahr besteht, daß die Flüsse zufrieren, kann einen Vogel zwingen, sein Gebiet zu verlassen und dem Flußlauf bis zur Küste zu folgen. Während der Wintermonate wird in Flußmündungen, natürlichen Häfen und gelegentlich in offenen Küstengewässern gefischt. Nach meiner Erfahrung sind es meistens Jungvögel, die sich aus dem Salzwasser ernähren, weil sie vielleicht unfähig sind, sich ein eigenes Territorium zu schaffen, bevor der Winter einbricht. Es ist schwierig, die Vögel an solch einem Standort zu beobachten, weil es dort für gewöhnlich wenig Deckung gibt. Sie fischen auch nicht an Stammplätzen, sondern ziehen mit den sich ständig verändernden Schwärmen kleiner Fische weiter.

In den Wintermonaten scheint es größere Wanderungen in Richtung Küste zu geben, die von der Härte des Winters abhängen. Ich glaube, daß es eine leichte Bewegung der Eisvögel in Richtung Süden gibt, die vom äußersten Norden des Verbreitungsgebietes ausgeht. Sehr alte Belege unterstellen, daß es eine Wanderungsbewegung größerer Gruppen von Eisvögeln gäbe, die von England aus in südöstlicher Richtung über die See erfolge. Das ist aber keine übliche Erscheinung, und, falls es zuträfe, kann ich es nicht erklären. Eisvögel überqueren sicherlich das Meer und es gibt verschiedene Beispiele von Vögeln, die von Feuerschiffen als tot gemeldet wurden. Es gibt in der Tat drei Belege von beringten britischen Vögeln, die auf dem Kontinent wiedergefunden wurden: zwei in Frankreich, einer in Belgien. Jeder dieser Vögel war über 420 km geflogen. Ein Eisvogel reiste in entgegengesetzter Richtung von Britannien nach Nordwales.

Vögel, die auf dem Kontinent leben, entfernen sich viel weiter und häufiger. Extremfälle stellen tschechoslowakische Vögel dar, die bis zu 1450 km weit ziehen. Das sind jedoch Ausnahmen. 85 % des britischen Eisvogelbestandes zieht weniger als 48 km.

Revier- und Aggressionsverhalten

DER Eisvogel ist äußerst revierbewußt und deshalb die meiste Zeit seines Lebens anderen Artgenossen gegenüber sehr angriffslustig. Spätestens Mitte September werden die Reviere erkämpft, weil es wichtig ist, daß jeder Vogel eine Flußstrecke für sich selbst abgesteckt hat, bevor die Mühsalen des Winters beginnen. Höchstwahrscheinlich werden die Wintermonate schnellströmende Flüsse entstehen lassen, in denen das Fischen schwierig und gefährlich ist. In dieser Zeit werden die Fische ihrerseits in tiefere und unzugänglichere Teiche abwandern. Überschwemmungen können den Fluß über weite Landflächen ausbreiten und es dem Eisvogel schwerer machen, eine Mahlzeit zu finden. Es ist für den Eisvogel unbedingt erforderlich, sein Revier und die wenigen verfügbaren Fischplätze zu verteidigen, denn davon hängt sein Überleben ab.

Wenn ein Vogel erst einmal im Herbst ein eigenes Revier errichtet hat, wird er danach streben, es den Winter hindurch besetzt zu halten. Es ist durchaus üblich, daß der eine Teil eines Brutpaares das Eigentumsrecht über eine Flußstrecke die ganze nächste Brutzeit hindurch behauptet. Andernfalls kann das Revier des Paares aufgespalten oder sogar teilweise gemeinsam benutzt werden. Ich beobachtete ein Eisvogelpaar in den Wintermonaten des Jahres 1978. Sie hatten etwa 1 km entfernt gebrütet und den Sommer hindurch während ihrer Balz, und solange sie die Jungen fütterten, meinen Fischteich benutzt. Während des Sommers pflegten sie, ihre Beute im Bereich von nur etwa einem Meter Abstand voneinander zu fangen. Die Jungen hatten das Nest verlassen, und die Blätter gingen allmählich in ihre Herbstfarben über, aber keiner der beiden Vögel war gewillt, den Luxus meines gut ausgestatteten Fischteiches aufzugeben. Von meinem Versteck aus konnte ich beobachten, wie sie mit der Situation fertig wurden. Sie hatten es schon lange aufgegeben, einander aggressiv gegenüberzutreten und schienen beschlossen zu haben, daß der Teich die Trennlinie zwischen ihnen sein sollte. Das Weibchen kam immer von flußabwärts und kehrte auch immer dorthin zurück; das Männchen beherrschte den flußaufwärts gelegenen Abschnitt. Wenn einer der beiden Vögel eintraf, um sich einen Fisch aus dem Teich zu holen, geschah dies ohne die sonst üblichen Rufe. Dies hatte den Sinn nicht die Aufmerksamkeit des anderen Vogels zu erwecken. Wenn zufällig der andere Vogel erschien, pflegte der Neuankömmling den ersten Eisvogel zu verjagen und anzufangen, selbst Fische zu fangen. Der besiegte Vogel war einverstanden, und es wurde ihm erlaubt, aus etwa 10 m Entfernung zuzusehen. Eine andere Merkwürdigkeit dieser Beziehung war, daß es keine Rolle spielte, ob sich das Männchen oder das Weibchen zuerst am Teich befand: Der Vogel, der als zweiter kam, war immer dominant. So ging es den ganzen Winter über, und der Teich wurde geteilt, aber kein Vogel war gewillt, neben dem anderen zu fischen, bis der Frühling wieder bevorstand.

Der Eisvogel kann, was seine Lieblingssitzplätze angeht, auch sehr besitzergreifend sein: Ich habe gesehen, wie ein Rotkehlchen weggejagt und bei einer anderen Gelegenheit eine Bachstelze in die Flucht geschlagen wurde. Andere Vogelbeobachter haben gesehen, wie Eisvögel einen Zaunkönig, einen Buchfinken, einen Taucher und einen Flußuferläufer angegriffen haben.

Es ist nicht möglich, feste Anhaltspunkte für die Größe eines Eisvogelreviers zu geben. Sie variiert je nach Vogelbestand, Fischmenge und geeigneten Nistplätzen eines Flußabschnittes. Ich würde schätzen, daß jeder Vogel wenigstens 1 km des Flusses benötigt. Sind aber Fische im Überfluß vorhanden und die Nistplätze begrenzt, können mehrere Paare gezwungen sein, in einer geringeren Entfernung voneinander zu nisten. Bei Übervölkerung ist das Brüten im allgemeinen weniger erfolgreich, weil sich die Vögel, beunruhigt durch ihre Nachbarn, in ständiger Erregung befinden. Viele Reviere können eine Strecke von 3 oder 5 km umfassen; ein Nebenfluß, ein nahegelegener See oder eine Kiesgrube können miteingeschlossen sein. Das ganze Gebiet wird nicht jeden Tag, sondern nur gelegentlich genutzt und besucht. Nichtsdestoweniger wird es dennoch gegen Eindringlinge verteidigt. Erwachsene Vögel werden bald über die Anwesenheit ihrer eigenen Nachkommen in dem Gebiet verärgert; deshalb vertreiben sie sie, damit sie eine eigene Heimat finden. Die Jungvögel werden zu diesem Zeitpunkt sehr gewitzt und rufen nicht mehr, wenn sie an einem neuen Futterplatz ankommen. Sie stehlen dann leise Fische aus dem Revier eines anderen

Zwei junge Eisvögel, die um eine Elritze kämpfen.

Vogels, bis sie bemerkt und unsanft fortgejagt werden. Solch ein Vorkommnis wird in meinem Tagebuch als „ein schnellveraufender bösartiger Angriff, der ohne Imponiergehabe oder Warnung geschah", beschrieben.

Ein paar Wochen lang fischen die jungen Eisvögel glücklich Seite an Seite, indem sie sich einen guten Fangplatz teilen. Zwangsläufig wächst dann der Drang, ein eigenes Revier zu beherrschen. Nach etwa 6 Wochen fangen die Jungvögel an, sich untereinander zu zanken.

Ich zog sieben Eisvögel von Hand auf, deren Nest überflutet worden war. Sobald sie fliegen konnten, wurden sie in einer Voliere freigelassen, wo ich beabsichtigte, ihnen das Fischefangen beizubringen. Sie waren bis dahin sehr zahm, aber kaum waren sie in der Voliere, wurden die Vögel menschenscheu und fingen an, sich wieder wie wilde Vögel zu benehmen. Es war ein Vergnügen zu beobachten, wie die jungen Eisvögel in einer Reihe auf einer der Sitzstangen saßen. Aber dieser harmonische Zustand dauerte nicht lange. Nach ein oder zwei Wochen begannen sie, sich gegenseitig zu ärgern. Sie wollten durchaus nicht mehr die gleiche Sitzstange benutzen; jeder Vogel hatte seine eigene Ecke im Käfig. Zum Zeitpunkt ihrer Freilassung waren sie etwa einen Monat lang in der Voliere gewesen und ziemlich aggressiv geworden.

Während der Eisvogel sein Revier inspiziert, pfeift er häufig, um Eindringlinge abzuschrecken.

Einige Eisvögel sind nicht in der Lage, sich vor dem Winter ein eigenes Revier einzurichten, deshalb fliegen sie zu den Häfen und Meeresarmen. In dieser Umgebung zeigen sie anscheinend nicht so ein aggressives Revierverhalten, möglicherweise weil sie viel flexibler in bezug auf ihre Fanggebiete sind und nicht das Gefühl haben, in das Gebiet eines anderen Vogels einzudringen. Deshalb ist es in den Wintermonaten möglich, zwei Eisvögel in geringer Entfernung voneinander fressen zu sehen.

Das Besitzrecht auf ein Revier wird wie folgt gezeigt: Erstens ruft ein selbstsicherer Vogel, wenn er den Fluß entlangfliegt und kurz bevor er landet. Zweitens wird einem eindringenden Vogel Imponiergehabe gezeigt, um ihn zu vertreiben. Schließlich, wenn alles andere versagt hat, kämpfen die beiden Eisvögel direkt um ein Revier.

Der Ruf des Eisvogels ist ein kraftvoller, klarer Ton, der weit trägt, besonders über dem Wasser. Der Ruf ist ein ganz charakteristischer, hoher Pfeifton, der häufig wiederholt und vielleicht am besten mit „tschie-tschie" beschrieben wird. Der einzige Vogelruf, mit dem er verwechselt werden kann, ist der der Heckenbraunelle; der Ruf des Eisvogels ist aber kräftiger.

Bei einer Gelegenheit war ein Eisvogelmännchen in einen Revierstreit verwickelt, und, nachdem er seinen Rivalen fortgejagt hatte, ließ er sich nieder, um seine Federn zu putzen. Einige Meter entfernt rief eine Heckenbraunelle zweimal aus einem Brombeerstrauch heraus, und sofort nahm der Eisvogel eine aggressive Haltung ein. Sogar der Eisvogel wurde von dem Ruf der Heckenbraunelle getäuscht, aber möglicherweise war er nach dem Kampf besonders wachsam.

Den Ruf des Eisvogels hört man meistens, wenn der Vogel durch sein Revier fliegt und besonders, bevor er landet. Dieser kraftvolle, hohe Pfeifton dient dazu, seine Gegenwart anderen Eisvögeln zu verkünden. Er wird das ganze Jahr hindurch benutzt; im Winter, um sicherzugehen, daß keine anderen Eindringlinge in der Nähe sind, und im Sommer, um als Erkennungsruf für den Partner zu dienen. Dies befähigt jeden Vogel dazu, den anderen schnell zu finden oder wenigstens zu wissen, welche Richtung er eingeschlagen hat. Ein ähnlicher Ruf wird benutzt, um den Partner aus dem Nest zu rufen.

Der Gesang des Eisvogels besteht, wie man festgestellt hat, aus „klangvollen und süßen, abwechslungsreichen Trillern". Nach all' den Jahren, die ich in Verstecken, nur wenige Meter von diesen Vögeln verbracht habe, und aus den Gesprächen mit Ron und Rosemary Eastman, die auch den Eisvogel erforscht haben, bin ich überzeugt davon, daß die Laute, die von erwachsenen Eisvögeln hervorgebracht werden, alle auf dem gleichen Pfeifton basieren. Manchmal klingt der Ruf aufgeregt oder dringend, aus einer schnellen Folge zusammengesetzt, besonders im Frühling. Das Paar mag etwa einen Meter voneinander entfernt sitzen und sich leise, wechselseitige, verträumte, kleine Pfeiftöne zurufen. Der Grundton bleibt immer gleich trotz unterschiedlicher Betonung. Der aggressive Ruf wird immer aufgeregter, und es ist unmöglich zu sagen, ob einer oder beide Vögel rufen, aber es ist wahrscheinlich, daß beide Vögel beteiligt sind. Es ist ein schrilleres, kurzes „tschit-it-it" und klingt zweifellos verärgert oder aufgeregt. Wenn der aggressive Ton und ein schnellverlaufender Flugangriff nicht ausreichen, um den Eindringling abzuschrecken, muß die nächste Aggressionsstufe gezeigt werden. Ich schätze aber, daß in fünf von zehn Fällen der Rechtsverletzer fortfliegen wird, sobald der rechtmäßige Besitzer eines Revieres erscheint.

Trifft ein Vogel jedoch auf einen ebenso fest entschlossenen Gegner, beginnt ein Imponierkampf. Beide Eisvögel verhalten sich ähnlich: Sie stehen sehr aufrecht und haben ihre

Schultern leicht gekrümmt. Die Flügel werden auf unnatürliche Weise gehalten, schlaff nach vorn herabhängend. Der Hals ist gestreckt und der Schnabel leicht geöffnet, trotzdem ertönt kein Laut, außer wenn die Spannung gebrochen wird und sich für wenige Minuten eine schnelle Jagd entwickelt. Es ist üblich, daß die Gegner in dieser Stellung etwa einen Meter voneinander entfernt sitzen. Kaum ein Muskel wird bewegt, und die Spannung zeigt sich in der Wildheit der Vogelaugen. Wenn es mißlingt, mit dieser ernsten, aufrechten Haltung Eindruck zu machen, dann wird der Vogel sich langsam sehr weit nach unten neigen und vielleicht von einer Seite zur anderen schwanken, als ob er hypnotisiert wäre. Alle diese Bewegungen werden sehr langsam, bewußt und ruhig ausgeführt. Sie sind fast schlangenähnlich und sehr übertrieben. Es ist interessant zu beobachten, daß sich der Eisvogel nicht aggressiv auf den Eindringling ausrichtet, sondern sich dreht, um sein Profil zu zeigen. Indem er sich auf diese Art in Positur stellt, kann er das Ausmaß seines schwertartigen Schnabels hervorheben, und das kann möglicherweise Einfluß auf seine Machtstellung haben.

Ich probierte einige einfache Experimente aus, um herauszufinden, ob der Vogel absichtlich sein Profil zur Schau stellte oder ob es rein zufällig geschah. Ich stellte einen Spiegel so auf, daß ein Eisvogel, wenn er ankam, sein eigenes Spiegelbild sehen würde. Der einzige Zweig, auf dem der Vogel sitzen konnte, wurde parallel zum Spiegel angebracht. Das bedeutete, daß der Eisvogel entweder mit dem Rücken zum Spiegel oder ihm gegenüber sitzen konnte. Es gab aber keine Möglichkeit, bei der er bequem seitwärts darauf sitzen konnte. Nach einer längeren Wartezeit erschien ein Eisvogel, und in dem Moment, in dem er auf dem Zweig landete, nahm er eine aggressive, aufrechte Haltung ein und stellte sich seinem vermeintlichen Gegner im Spiegel zur Schau. Obwohl es dem Vogel unmöglich war, sein ganzes Profil zu zeigen, drehte er seinen Körper, so gut er konnte, und zeigte sicherlich eine prächtige Seitenansicht von Kopf und Schnabel. Aus dieser und aus weiteren Beobachtungen schloß ich, daß der Eisvogel absichtlich sein Profil zur Schau stellt und daß er sich in keiner Aggressionsphase dem Eindringling zuwendet.

Sobald der Eisvogel eine Drohhaltung einnimmt, versteckt er die meisten weißen Federn auf den Ohrdecken und unter dem Kinn. Das passiert nicht nur beim aggressiven Imponiergehabe, sondern auch während der Balz. Eines Vormittags, etwa um

11 Uhr, entdeckte ich so einen Imponierkampf. Ich saß da und sah den beiden Vögeln zu, als sie sich gegenseitig mit tiefgeneigten Bewegungen animponierten. Einer drehte plötzlich seinen Kopf auf den anderen zu und wieder weg, und der andere machte es gelegentlich nach. Die Ruhe wurde nur für ein oder zwei Sekunden unterbrochen, als sie zornig riefen und einige Meter weiter zu einem anderen Strauch flogen. Nachdem ich zwei Stunden lang zugesehen hatte, mußte ich gehen, kehrte aber gegen 18 Uhr zurück. Die beiden Eisvögel saßen fast genauso da, wie ich sie verlassen hatte: Etwa 0,5 m voneinander getrennt, imponierten sie sich gegenseitig in einem Eibenstrauch. Dieser persönliche Zweikampf dauerte mehrere Stunden lang und mag sich bis in den nächsten Tag ausgedehnt haben. Obwohl ich bei dieser Gelegenheit keinen körperlichen Kontakt sah, waren beide Vögel wahrscheinlich ernstlich geschwächt, müde und hungrig.

Revierstreitigkeiten, die durch schnelle Jagd oder Imponiergehabe geregelt werden, sind eine tägliche Erscheinung, körperlicher Kontakt hingegen ist sehr selten. Bei jeder Gelegenheit, die ich miterlebt habe, war der Angriff kurz. Meine Beobachtungen beruhen hauptsächlich auf Kämpfen, die im Herbst stattfanden, und jedes Mal war einer der beiden Vögel ein junger. Vielleicht dauert der Kampf länger, wenn zwei reife Vögel aufeinander treffen. Der Vorteil scheint erwartungsgemäß auf der Seite des Erwachsenen zu liegen. Der Besitzer des Reviers zu sein, in dem der Kampf stattfindet, ist auch ein kleiner Vorteil. Eine interessante Situation tritt ein, wenn ein erwachsener Vogel anfängt, Teile des Reviers, die er während der Nistzeit vernachlässigt hat, wieder zu besuchen, nur um feststellen zu müssen, daß ein Junges zum Besitzer geworden ist. Das ist die Art von Situation, die zum Kampf führt, weil beide Vögel voller Selbstbewußtsein sind. Weibliche Eisvögel werden anscheinend nicht so oft in aggressive Situationen verwickelt wie Männchen, obwohl sie, wenn sie erst einmal erregt sind, genauso ungestüm sein können.

Sehr viel Spannung ist erforderlich, um diese Art von Verhalten auszulösen. Ich beobachtete zwei Männchen, die mehrere Stunden lang gegenseitig Imponiergehabe zeigten; schließlich konnte es einer von beiden nicht mehr aushalten. Der Vogel flog um den Rücken des Gegners herum, aber zur gleichen Zeit drehte sich dieser um, so daß sie sich wieder frontal zueinander befanden. Eine Sekunde lang schwebte der fliegende Vogel und es sah so aus, als ob er versuchte, nach dem Gegenspieler zu schnappen, der

Wenn der Herbst beginnt, nimmt dieses junge Eisvogelweibchen eine typische aggressive Haltung mit leicht gekrümmten Schultern und etwas geöffnetem Schnabel ein.
Linkes Nebenbild: Um Eindringlinge noch mehr einzuschüchtern, neigt der Vogel sich langsam nach unten, dreht seinen Körper und stellt sein Profil zur Schau.
Rechtes Nebenbild: Diese sehr übertriebene Haltung wird direkt vor dem Angriff eingenommen.

dasaß und mit weitgeöffneten Schnabel protestierte. Danach nahmen die beiden Vögel sofort wieder ihre vorherige Position ein, indem sie 50 cm voneinander entfernt Imponiergehabe zeigten. Der gleiche Vogel versuchte etwa alle 5 oder 10 Minuten einen ähnlichen Angriff. Nach vier weiteren Versuchen die Herrschaft zu erlangen, attackierte er den anderen Vogel noch heftiger und jagte ihn so aus dem Gebiet. Ein Eisvogelweibchen beobachtete die Vorgänge aus 15 m Entfernung, zeigte aber kein sichtbares Interesse an dem Treiben. Es ist interessant festzustellen, daß andere Ornithologen auch die Beobachtung gemacht haben, daß ein dritter Eisvogel bei einem Kampf zuschaut, aber nicht daran teilnimmt. Dieses Tun wurde im Herbst beobachtet und konnte deshalb nur mit Revierstreitigkeiten in Verbindung stehen und nicht mit Kämpfen um ein Weibchen.

Berichte weisen nach, daß ein angreifender Vogel versucht, den Gegner zu ertränken oder wenigstens unterzutauchen. Er benutzt seinen speerartigen Schnabel dabei als wirksame Waffe und beabsichtigt offenbar, den Gegner ins Wasser zu stoßen. In der Hoffnung, einen Revierstreit zu beobachten, brachte ich einen ausgestopfen Eisvogel in das Revier eines Männchens. Ich hörte, wie das Eisvogelmännchen mit seinem üblichen Pfeifen herannahte. Sobald es landete, erspähte es den ausgestopften Vogel. Sofort imponierte es in einer sehr aufrechten Haltung, die es vier Minuten beibehielt, dann flog es ganz plötzlich außer Sicht und rief beim Wegfliegen. Ich nahm an, daß es von dem ausgestopften Vogel nicht irregeführt worden war. Weitere drei Minuten verstrichen, bis ich bemerkte, daß der Vogel irgendwie, und ohne daß ich es bemerkt hatte, zu einer zehn Meter entfernten Esche zurückgekehrt war.

Er blieb auf dem Baum, zeigte sich in aufrechter Haltung und neigte sich langsam nach unten. Dann verließ er den Baum und flog mit voller Geschwindigkeit auf den ausgestopften Vogel zu. Der Eisvogel verfehlte den Kopf des Vogels nur um ein oder zwei Millimeter und landete ein paar Meter weiter auf einem Pfosten. Der nächste Angriff kam genauso schnell und war sehr ernst: Er landete auf dem Rücken des ausgestopften Vogels, der nach vorn kippte. Er hackte bösartig nach Augen und Kopf, aber schon nach wenigen Stößen fiel der ausgestopfte Vogel zu Boden. Der Eisvogel flog los, um auf dem Dach des Verstecks zu landen, so daß ich nicht in der Lage war zu sehen, was gerade passierte. Bald jedoch begann der Angriff von neuem, und der aufgebrachte Vogel stach noch einmal mit seinem schwarzen dolchähnlichen Schnabel nach Augen und Hals. Ich glaubte, daß ich nun genug gesehen hatte und kam lieber aus meinem Versteck hervor, um den ausgestopften Vogel zu entfernen, als den Vorfall zu verlängern. Offensichtlich hatte der Lockvogel nicht auf normale Weise auf den Angriff reagiert und war auch zu leicht zu besiegen. Was er jedoch veranschaulicht hat, ist die heftige Aggression des Eisvogels und die Fähigkeit, seine Rechte sogar in direktem Kampf zu verteidigen.

Ein Eisvogel fliegt eigentlich nicht sehr schnell, aber mehrere Faktoren kommen zusammen und vermitteln den Eindruck großer Geschwindigkeit. In Anbetracht der Größe ist die Flugbahn sehr gerade und sogar über weite Entfernungen ohne Wellenlinien. Im allgemeinen sieht man ihn weiter fliegen als die meisten Vögel von ähnlicher Größe. Ein Rotkehlchen z. B. wird am häufigsten von Zweig zu Zweig oder von Baum zu Baum flitzend beobachtet, während ein Eisvogel normalerweise gesehen wird, wenn er Strecken von über 100 m fliegt. Wenn er um eine Flußbiegung herumfliegt, drosselt der Eisvogel seine Geschwindigkeit überhaupt nicht, sondern behält sie mit schnell schlagenden Flügeln bei. Wegen seines tiefen Fluges, dicht über dem Wasser, sieht ein Beobachter, wie sich der Vogel vor dem Hintergrund des Flußufers bewegt, und gewinnt den Eindruck einer großen Geschwindigkeit. Entfernt sich ein Eisvogel vom Wasser und fliegt hoch oben, stellt sich heraus, daß die Silhouette am Himmel sich nicht schneller als die irgendeines anderen Vogels bewegt. Der letzte Punkt, der einen falschen Eindruck von der Geschwindigkeit vermittelt, ist der schillernde türkisfarbene Streifen unten am Rücken des Vogels. Frederick William Faber, ein Dichter, der zweifellos Vergnügen an den Fähigkeiten des Eisvogels fand, beschrieb den schnellen Flug als ein Phänomen, das „beinah ein Kielwasser von brillanten Farben hinter sich zu lassen scheint".

Bei mehreren Gelegenheiten habe ich die Fluggeschwindigkeit eines Eisvogels berechnet, wobei ich ihn über eine abgemessene Strecke stoppte. Eine Berechnung zeigte, daß der Eisvogel 120 m in 10 Sekunden fliegt, was einer Geschwindigkeit von 43 km/h entspricht. Das ist eine Durchschnittsgeschwindigkeit für einen windstillen Tag, denn die meisten meiner Versuche zeigten Geschwindigkeiten zwischen 40 und 45 km/h. Gegenwind kann die Geschwindigkeit des Vogels außerordentlich verringern, jedoch beschleunigt Rückenwind ihn nur wenig. Flog der Eisvogel in einen heftigen Wind hinein, verlangsamte er sich auf 27,3 km/h. Der gleiche Wind von

chts: Nachdem er de Flügelfeder putzt hat, streckt r Eisvogel jeden igel einzeln aus, n die Federn die richtige elle zu bringen. ieser freilebende gel ist zu rschungszwecken ringt worden). ►

Links: Sogar mit inem plump ssehenden Schnabel nn der svogel einzelne dern beim efiederputzen an ren Ort bringen.

echts: Nach dem utzen „gähnt" der isvogel und reckt sich, bevor sich auf die uche nach einer Iahlzeit macht. ►

hinten ließ die Geschwindigkeit des Eisvogels aber nur auf 52 km/h anwachsen. Vergleicht man diese Geschwindigkeiten zum Beispiel mit denen einer Drossel (40,7 km/h) oder mit denen einer Grasmücke (32,6 km/h), stellen wir fest, daß der Eisvogel, der sich so schnell zu bewegen scheint, nur mit einer für seine Größe durchschnittlichen Geschwindigkeit fliegt.

Wegen ihrer Formgebung müssen die Flügel des Eisvogels fast ständig schlagen, um den Auftrieb beizubehalten. Die Handschwingen, die für reichlich Schub sorgen, sind groß, aber die Armschwingen, die für den Auftrieb sorgen, sind vergleichsweise klein. Aus diesem Grunde gleitet der Eisvogel normalerweise nicht, sondern nur beim Balzverhalten.
Er gleitet nicht einmal, wenn er gerade dabei ist, sich auf einen Zweig niederzulassen, sondern er fliegt direkt darauf zu, um dann im letztmöglichen Moment mitten in der Luft fast stehen zu bleiben und schwingt seine Flügel waagerecht hin und her, bevor er landet. Da er ein tiefes Brustbein und kräftige Flugmuskeln hat, ist der Eisvogel für Kraftflug und nicht für Gleitflug gebaut.

Regelmäßiges Gefiederputzen ist äußerst wichtig, um das Öl zwischen den Federn zu verteilen, das aus der Bürzeldrüse gewonnen wird. Ebenso wichtig ist das „reißverschlußartige" Zusammenziehen der Federn, so daß sie beim Fliegen als Einheit fungieren. Sogar mit seinem plump wirkenden Schnabel kann der Eisvogel einzelne Federn auswählen und in die richtige Lage bringen. Ein Eisvogel verbringt wahrscheinlich durchschnittlich zwei Stunden am Tag mit der Gefiederpflege, für gewöhnlich an einem abgelegenen Ort, nicht weit vom Nistufer entfernt oder in der Nähe eines Lieblingsfangplatzes. Eine gründliche Gefiederpflege kann 15-20 Minuten dauern und beginnt oft mit mehreren Tauchbädern, unterbrochen von energischem Putzen. Der Eisvogel kann alle seine Federn mit dem langen Schnabel an ihren Ort bringen, obwohl er einige Körperteile nur unter größten Schwierigkeiten erreichen kann. Kopf- und Nackenfedern werden mit dem Fuß an die richtige Position gekratzt. Nach dem Putzen streckt der Eisvogel zuerst den linken und dann den rechten Flügel aus; dann lehnt er sich mit geöffnetem Schnabel nach vorn und streckt beide Flügel aus. Putzen scheint auch ein Teil der Erholung zu sein, denn der Eisvogel stochert häufig erst einige Federn zurecht, wenn er ruht oder bevor er sich zur Nacht einrichtet.

Man denkt immer, daß der Eisvogel nur etwa einen Meter über dem Wasser fliegt. Das ist auch fast immer der Fall. Bei zwei Gelegenheiten jedoch verläßt er seine gewohnte Umgebung und fliegt in Höhe der Baumkronen. Die erste ergibt sich während der Balz, wenn das Paar zusammen sehr weit oben den Fluß entlang fliegt. Die zweite Gelegenheit ist kaum bekannt oder bewiesen; sie ergibt sich, wenn ein Eisvogel über Land von einer Wasserstraße zur anderen fliegt. Ich habe das nur einmal gesehen, und das geschah ganz zufällig. Ich hatte mein Auto an einem alten Steinbruch in Cornwall geparkt und war einen Pfad oben am Berghang entlang gegangen. Als ich über das Tal schaute, sah ich einen Vogel, den ich für einen Star hielt, der über die Schlucht flog. Zufällig betrachtete ich den Vogel durch mein Fernglas und war äußerst überrascht festzustellen, daß es ein Eisvogel war. Es ist immer schwierig, einen Vogel, der sich nicht in seiner üblichen Umgebung befindet, zu identifizieren, und ich hatte natürlich nicht erwartet, einen Eisvogel in solcher Höhe und so weit vom Wasser entfernt zu sehen. Ich beobachtete den Vogel, wie er unverändert nach oben und über den Berggrat flog, bis er außer Sicht war. Als ich bei meiner Rückkehr die Landkarte überprüfte, stellte ich mit Erstaunen fest, daß es dort eine Anzahl kleiner Bäche und alter, mit Wasser gefüllter Lehmgruben gab. Das war die einzige Gelegenheit, bei der ich einen Eisvogel weit weg vom Wasser oder in solch einer Höhe fliegend gesehen habe. Ich zweifle nicht daran, daß dieser einzelne Vogel wohl mehrere Kilometer über das Land geflogen sein wird, um neue Reviere zu erreichen. Ich hatte beobachtet, daß er wenigstens 3,2 km zurücklegte.

Der Washford in Somerset ist ein kleiner Fluß, der aus den Mooren herunterläuft und durch eine ständig wechselnde Landschaft bei Watchet in das Meer hinabfließt. Der Fluß verbindet sich nicht mit anderen Wasserläufen. Die einzige Fischart des Flusses ist die Forelle. Jeden Sommer nistet ein Eisvogelpaar an den niedrigeren Flußstrecken; ziemlich häufig ernähren sie sich aus den riesigen Containern mit Fischbrut, die von Forellenzüchtern „ausgebrütet" wurde. Im Sommer sind die Eisvögel leicht zu finden. Im Winter wird der Washford aber von den Vögeln hauptsächlich wegen des Mangels an geeigneten Fischen verlassen. Jeden Frühling muß ein Vogelpaar diesen ziemlich abgelegenen, kleinen Fluß neu entdecken oder zu ihm zurückkehren, indem es die Küste hinunterfliegt oder über die Moore und das Ackerland kommt. Es kann sein, daß Eisvögel häufiger über Land fliegen als wir annehmen, weil sie aber über Baumwipfelhöhe fliegen, werden sie selten gesehen.

Balz und Nestbau

WÄHREND jeder Eisvogel die Herbst- und Wintermonate in Einsamkeit verbringt und sein Revier energisch verteidigt, ist es wohl nicht überraschend, daß Verwirrung entsteht, wenn der Frühling herannaht und jeder Vogel das Bedürfnis nach einem Partner verspürt. Die Paarbildung findet früh im Jahr statt. Es wurde schon behauptet, daß Eisvogelmännchen und -weibchen sich fürs ganze Leben paaren. Das ist jedoch nicht richtig, obwohl es nicht ungewöhnlich ist, daß man dieselben Vögel in aufeinanderfolgenden Brutzeiten zusammen findet. Das kann geschehen, weil das Pärchen das Brutrevier am Ende der Brutzeit untereinander aufteilt. Im nächsten Frühling sind sie dann Nachbarn und können durchaus wieder zusammenfinden. Wenn jedoch einer von beiden von einem anderen Vogel fortgejagt worden ist, wird der übriggebliebene Eisvogel nicht zögern, den Neuankömmling zum Partner zu nehmen.

In klimatisch begünstigten Lagen kann die Paarbildung schon in den ersten Februarwochen oder sogar im Januar beginnen, wenn mildes Wetter herrscht. In etwas kälteren Gebieten sieht man die ersten Anzeichen der Balz Ende Februar oder im März. Alle Eisvögel haben bis Anfang April einen Partner gefunden, und die Mehrzahl wird begonnen haben, Nestlöcher zu bauen. Paare, die spät zusammengefunden haben, verbringen nicht so lange Zeit mit der vorbereitenden Balz, sondern beginnen sofort mit der Arbeit am Nest, wobei die Balz zur gleichen Zeit stattfindet. Eisvögel brüten schon in ihrem ersten Lebensjahr, und es ist faszinierend und vergnüglich zu beobachten, wie sich ein Paar zum erstenmal trifft.

Am 20. Februar saß ich gerade in meinem Versteck, als sich ein Weibchen, das den ganzen Winter über hier war, flußabwärts mit sehr vielen aufgeregten Rufen näherte. Das war ungewöhnlich, denn seit der Besetzung des Reviers in den ersten Herbstmonaten war es sehr ruhig gewesen. Es flog einige Meter flußaufwärts zurück, und ich konnte noch einen anderen Vogel hören, der sich dem Versteck näherte. Das Weibchen landete nun am Fischteich vor dem Versteck, und ein männlicher Vogel setzte sich auf einen Drahtzaun in etwa 8 m Entfernung. Sie fing einen Fisch und verschlang ihn; das Männchen gesellte sich zu ihr, setzte sich aber nicht auf den selben Zweig. Nachdem das Weibchen vier Fische verschlungen hatte, landete es neben dem Männchen und zeigte Imponiergehabe, das aus einer Mischung aus Aggression und Balz bestand. Das Männchen war anscheinend genauso verwirrt wie das Weibchen und schien sehr nervös zu sein. Es hüpfte auf dem Zweig weiter und flog dann zu einem einige Meter entfernten Baumstamm. Zweimal flog das Männchen jeweils vier- oder fünfmal zu einer geeigneten Brutwand, wobei es ständig rief. Das Weibchen schien aber nicht interessiert zu sein. Nun flog das Männchen in die Nähe des Weibchens zurück. Sie saßen einige Minuten lang gegenüber und sahen sich an. Sie stieß weiterhin kleine Rufe aus und hatte dabei ihren Schnabel leicht geöffnet. Er tauchte zweimal erfolglos nach einem Fisch; jede seiner Bewegungen verursachte bei ihr große Aufregung und weiteres Rufen. Der dritte Tauchversuch verlief erfolgreich, und das Männchen drehte den gefangenen Fisch so, daß er mit dem Kopf aus dem Schnabel herausschaute, also als Geschenk für das Weibchen. Beide Vögel waren sehr aufgeregt und verwirrt. Sie wollten nicht zu dicht beieinander sein, dennoch wollte er den Fisch dem Weibchen schenken. Dabei fiel er schließlich fast vom Zweig.

Nun machte er es sich auf einem Baumstamm bequem, drehte den Fisch und verschlang ihn selbst. Häufig saßen beide Vögel reglos und gestreckt da und riefen sich gegenseitig abwechselnd leise „Tschiepse“ zu, bis schließlich das Männchen flußaufwärts davonflog. Ich hatte seit dem 12. Oktober noch keinen anderen Vogel am Fluß gesehen. Das Weibchen gehörte zur Brut des vergangenen Jahres, und ihr Verhalten zeigte eindeutig, daß sie sich zuvor noch nie getroffen hatten. Am darauffolgenden Tag schien sich das Paar schon aneinander gewöhnt zu haben. Das Männchen schenkte dem Weibchen, ohne zu zögern, einen Fisch.

Während der Partnersuche und der Paarbildung werden die Eisvögel lauter. Man bemerkt nach ein paar friedlichen und ruhigen Monaten daran den Beginn der Balzzeit. Dann hört man Eisvogelrufe flußauf- und abwärts, und anstelle eines einzelnen blauen Blitzes kann man zwei glitzernde Pfeile sehen, die sich gegenseitig am Fluß entlang jagen. Diese sehr schnelle Jagd ähnelt dem Aggressionsverhalten; tatsächlich ist es am Anfang zweifellos eine Mischung aus Werbung und Aggression. Ein Jagdspiel scheint sich zu entwickeln, das das Paar bis hoch in die Baumwipfel und gelegentlich etwas vom Fluß wegführt. Die Eisvögel fliegen häufig beim Balzflug in Baumkronenhöhe; obwohl sie dann schwer zu beobachten sind, ziehen ihre aufgeregten Rufe die Aufmerksamkeit auf sich. Meistens ist es ein Paar, das über den Baumkronen fliegt, aber gelegentlich habe ich im Februar einen einzelnen Vogel in dieser Höhe fliegen sehen. Wahrscheinlich versuchen sie mit solchen Flugmanövern einen möglichen Partner zu beeindrucken oder sie befinden sich auf Partnersuche.

Die offensichtlichste Balzgeste besteht darin, daß ein Männchen einem Weibchen einen Fisch als Geschenk überreicht. Wenn das Paar die erste Unsicherheit überwunden hat, wird dieses Balzgeschenk zur Regelmäßigkeit. Häufig bettelt in dem Moment, in dem das Männchen erscheint, das Weibchen mit aufgeregten Rufen und flatternden Flügeln um Futter. Manchmal fliegt sie sogar über ihn hinweg um ihn aufzufordern ihr einen Fisch zu schenken. Nachdem das Männchen einen Fisch gefangen und getötet hat, dreht er ihn so, daß er mit dem Kopf herausschaut. Wollte er ihn selbst verschlingen, müßte der Kopf nach innen weisen. Laut rufend fliegt er los, um das Weibchen zu suchen, welches ihm durch seine Antwort den Weg weist. Sobald er in der Nähe des Weibchens gelandet ist, rufen sie sich gegenseitig aufgeregte oder unterdrückte „Tschieps"-Laute zu. Einer der Vögel fliegt dann zum anderen und hüpft so lange den Zweig entlang, bis er in Reichweite des Partners ist. Der Fisch wird vom Männchen zum Weibchen gereicht, das mit zitternden Flügeln und weiteren aufgeregten Rufen das Geschenk entgegennimmt. Das Balzfüttern hält während des Nestbaues und des Brütens an. Sobald die Jungen ausgeschlüpft sind, ist das Balzfüttern vergessen. Die gesamte Energie der Vögel ist nun auf die Fütterung ihrer Nachkommen konzentriert. Nachdem die jungen Vögel das Nest verlassen haben, wird das Paar möglicherweise einen zweiten Brutversuch unternehmen und das Balzfüttern beginnt von neuem. In der

Natur ist nichts ohne Sinn, und auch das Balzfüttern macht keine Ausnahme. Die Fischübergabe entwickelt und festigt die Paar-Bindung. Das Paar lernt, sich an seinen Rufen zu erkennen und zu finden. Dies ist sehr wichtig, wenn die Jungen geschlüpft sind und eine Fütterungsroutine entwickelt werden muß. Die Bindung zwischen dem Paar muß fest genug sein, um irgendwelche Zwischenfälle, die während der Brutzeit auftauchen können, zu überdauern. Schwierige Fangbedingungen, sehr schlechtes Wetter und störende, fremde Eisvögel können die Versorgung der Jungen gefährden. Bei unerfahrenen Paaren können die Jungen sterben, doch eine funktionierende Partnerschaft meistert fast alle Schwierigkeiten. Ein weiterer Vorteil des Balzfütterns besteht darin, daß das Weibchen bei dem Aufbau seines Gewichts, das eine Voraussetzung für die Eiablage ist, unterstützt wird. Die ersten Frühlingsmonate sind nicht immer die leichteste Zeit, um Fische zu fangen. Es kann eine Zeit bitterkalten Wetters und überfluteter Flüsse sein. Der Fisch, den ein Weibchen erhält, ohne irgendwelche Energie für den Fang verschwenden zu müssen, ist für sie von großer Wichtigkeit.

Wie schon erwähnt, ist der Eisvogel für kraftvollen Schlagflug gebaut, und es geschieht nur selten, daß er ein Stück gleitet. Die Balz bringt den Vogel jedoch dazu, sich ungewöhnlich zu verhalten. Einmal beobachtete ich einen Eisvogel, der während der Balzaktivitäten in einem schwungvollen Halbkreis vom Fluß fortflog, um dann mit starren Flügeln in einem anmutigen Bogen auf seinen Partner zuzugleiten. Er verfehlte ihn absichtlich um wenige Zentimeter, um dann die Vorführung wiederholen zu können. Immer waren es nur männliche Tiere, die ich beim Gleitflug beobachten konnte. Es gibt noch eine andere Flugvariante, die mit dem Imponierverhalten während der Balz in Verbindung gebracht werden kann. Sie wird von männlichen und weiblichen Vögeln gezeigt und besteht in einem schwachen Flattern dicht über der Wasseroberfläche. Die halbschlagenden Flügel erinnern mich an den Flug eines Flußuferläufers. Ich beobachtete, wie ein männlicher Vogel einem Weibchen einen Fisch überreichte; es flog dann, nachdem es den Fisch verschlungen hatte, in diesem niedrigen Flatterflug über das Wasser hinweg. Er folgte sofort und flog in genau der gleichen Art und Weise. Meine Beobachtungen von Gleit- und Flatterflügen sind vergleichsweise gering, und meines Wissens gibt es keine anderen Berichte darüber. Während der sieben Jahre, in denen ich mich stark für den Eisvogel interessierte, habe

Links: Während der
z sitzt das Paar
ht beieinander
d ruft sich
enseitig abwech-
nd leise „Tschiepse"

hts: Beim Balz- ►
ponieren zeigt
Männchen eine
ertriebene auf-
hte Haltung mit
abhängenden Flügeln
d einem winkel-
migen Profil.

Links: Das Männchen
f der rechten
te schenkt dem
ibchen einen Fisch
t dem Kopf voran,
s das Geschenk
t zitternden
igeln annimmt.

ich diesen ungewöhnlichen Flug nur ein- oder zweimal in jeder Paarungszeit gesehen. Er ist nicht immer so ausgeprägt, wie ich beschrieben habe, aber nachdem ich ihn einmal gesehen hatte, bemerkte ich ihn häufiger bei späteren Gelegenheiten.

Nachdem ich Balzfüttern und Balzflüge beschrieben habe, bleibt nur noch das Imponiergehabe, um das Bild abzurunden. Leider ist es nicht ganz so dramatisch, wie es einige Beobachter schildern. Eisvögel sitzen zum Beispiel nicht Seite an Seite und kreuzen ihre Schnäbel; sie putzen sich auch nicht wie die Unzertrennlichen gegenseitig das Gefieder. Es ist nicht schwierig sich vorzustellen, wie diese Irrtümer entstanden sind, denn bei einem Vogel von solch prächtiger Farbe und Schnabelgröße kann die Phantasie sehr bald überhandnehmen.

Imponierverhalten wird von männlichen und weiblichen Vögeln gezeigt, obwohl es beim Männchen häufiger und ausgeprägter ist. Es zeigt sich in einer sehr gestreckten Haltung, bei der der Rücken fast vertikal und die Flügel nach vorn und unten gehalten werden, so daß die Primärfedern bis zu den Füßen des Vogels reichen. Der Kopf wird steif gehalten mit einer leichten Aufwärtsneigung, der Schnabel ist geschlossen, und wie bei der Aggressionshaltung wird das Profil auffällig gezeigt. Nachdem die anfängliche Aufregung der ersten gemeinsamen Tage vorüber ist, zeigen die Vögel nicht mehr so viel Imponierverhalten, doch hält es die ganze Brutzeit hindurch an, und sie gebrauchen es fast wie eine Begrüßung, wenn sie eine oder zwei Stunden getrennt waren. Das Balzfüttern und der Balzflug können mit aufgeregtem Rufen verbunden sein. Das Imponierverhalten kann ebenfalls mit einem besonderen Ruf verbunden sein, der nur bei der Balz verwandt wird. Es ist ein sehr freundlich klingendes, leises Pfeifen, das zuerst von einem Vogel und dann vom anderen ausgestoßen wird. Es bedurfte sehr sorgfältiger Beobachtung, um festzustellen, daß beide Vögel beteiligt waren, weil der Klang beider Stimmen identisch war und es daher unmöglich war, zwischen den Rufen zu unterscheiden. Ich konnte jedoch sehen, daß sich jeder Vogelschnabel abwechselnd öffnete, und es war offenkundig, daß sie mit abwechselndem „Tschiepsen" riefen. Wenn zwei Eisvögel sich etwa einen Meter voneinander entfernt ausruhen, können diese Töne weniger häufig und entspannter sein. Die geringste Erregung bringt sie jedoch dazu, die Geschwindigkeit wieder zu erhöhen, bis die abwechselnden Rufe wie ein zusammenhängender Ton klingen.

Bald nach der Paarbildung fangen die Vögel an, nach einem

passenden Platz für den Bau eines Nestes zu suchen. Der Eisvogel nistet unterirdisch am Ende einer Höhle, die in ein senkrechtes Ufer gegraben wird. Die für einen Eisvogel geeigneten Ufer sind steil, mindestens 50 cm hoch und bestehen aus möglichst steinfreiem, sandigem, lehmigem, tonigem oder mergeligem Material. Ein Ufer, das von Erosion oder von grabenden Wühlmäusen unterhöhlt wurde, wird in der Regel gemieden. Um dem Nest zusätzliche Sicherheit zu geben, sollte das Ufer frei von Vegetation sein und senkrecht ins Wasser abfallen.

Einige ungewöhnliche Nester sind dort gefunden worden, wo ein typisches Gelände nicht vorhanden war. Z. B. sind Nestlöcher in Sand- oder Kiesgruben gebaut worden, und es gibt einen Bericht über Eisvögel, die in einem Kreidebruch nisteten, wo der tägliche Betrieb und Lärm der kalkzermalmenden Maschinerie nicht weit entfernt waren. Die Oberfläche des Bruches bestand aus fester Kreide und Kieseln, aber in der flachen Tiefe der Bodenkrume hatte ein Eisvogelpaar dicht an der Oberfläche ein Nest gebaut. Eisenbahnschneisen sind auch benutzt worden und sogar senkrechte Überhöhungen von Landstraßen. Einer meiner Freunde war sehr überrascht, als er regelmäßig einen Eisvogel über sein neuerworbenes Landhaus fliegen sah. Als er das seinem Nachbarn erzählte, wurde ihm gesagt, daß ein Paar in einer Erdwand im Walde mehrere hundert Meter vom Fluß entfernt niste.

Ich fand einmal ein Eisvogelpaar, das versuchte, im Wurzelteller eines umgestürzten Baumes zu nisten. Der Baumstamm lag flach, Wurzeln und Erde ragten empor und bildeten eine annähernd senkrechte Fläche. Die Vögel versuchten mehrere Tage lang, sich hineinzugraben, gruben aber entweder durch den weichen Boden hindurch oder drangen nur wenige Zentimeter vor, bis sie auf eine große Wurzel trafen, die ein weiteres Vordringen verhinderte. (Ein Zaunkönig übernahm bald das Loch, legte es mit Blättern und Moos aus und zog seine eigene Brut darin auf.) Solche behelfsmäßigen Nistplätze kommen an einigen Flüssen vor. Eisvögel benutzen sie regelmäßig und brüten erfolgreich darin. In Extremfällen — also ohne geeignetes Nistufer, ist ein Paar darauf angewiesen, eine Nestkammer im Loch einer Steinmauer oder einer alten Brücke anzulegen.

Nistplätze, die sich fern vom Wasser befinden, sind die Ausnahme, die meisten Nesttunnel werden im Ufer eines Flusses oder Baches gebaut. Es werden häufig kleinere

Dieses typische Nistufer wird regelmäßig in jeder Brutzeit benutzt.

Dieses Lehmufer fällt senkrecht zum Wasser ab und bietet größtmöglichen Schutz gegen Räuber.

s Nestloch im
er dieses schmalen
tenflusses ist
ade noch
dunkle
lle unterhalb
s Blattwerks
htbar.

Wasserwege zum Nisten benutzt, denn viele der Bäche und Nebenflüsse bieten kleine Fische, die während der Sommermonate leicht zu fangen sind. Die Hauptflüsse, bei denen ein größeres Angebot an Nistplätzen die schwierigere Fischfangsituation kompensiert, werden etwas weniger häufig bewohnt. Die Lage des Ufers ist unwichtig. Ich habe keine Vorliebe für Norden oder Süden feststellen können, und ebenso viele Nester liegen ostwärts oder westwärts.

Traditionelle Nistplätze scheinen eine starke Anziehungskraft zu haben. Diese Anziehungskraft zeigte sich bei mehr als nur einem Vogelpaar, das während mehrerer aufeinanderfolgender Jahre zurückkehrte, weil das Nistufer das einzig verfügbare ist. Ich kenne ein Ufer, das etwa vier oder fünf Meter lang und von Eisvogellöchern wie durchsiebt ist. Ich entdeckte dieses Ufer vor sieben Jahren, und damals erzählte mir ein Angler, daß es jedes Jahr, solange er am Fluß angele (etwa 10 Jahre lang), von Eisvögeln benutzt worden war. Zweifellos haben dort, seit ich es fand, jedes Jahr Eisvögel genistet, obwohl es dort auch andere geeignete Nistplätze in der Nähe gibt. In diesem Fall haben es viele Vogelgenerationen benutzt, und ich schätze, daß tief unter der Erde mehrere hundert junge Eisvögel aufgezogen worden sind.

Es gibt einen oder zwei Berichte über Eisvögel, die die Tunnel von Kaninchen, Wühlmäusen oder Uferschwalben übernommen haben. Diese Berichte sind aber selten, denn der Eisvogel hat sehr spezielle Bedürfnisse. Eisvögel sind durchaus in der Lage, ihr eigenes Nest zu graben, und jeden Frühling wird ein neues gebaut, obwohl manchmal ein Loch aus der vorausgegangenen Brutperiode wieder benutzt werden könnte. Zweite und dritte Bruten innerhalb eines Jahres werden im allgemeinen im selben Nestloch aufgezogen, aber das Elternpaar kann auch ein neues Loch etwa einen Meter entfernt vom ersten graben oder sogar ein anderes Ufer auswählen.

Das Graben beginnt, wenn ein Vogel plötzlich von seinem Sitzplatz aus an ein Ufer fliegt, die Erde aufpickt und zum Zweig zurückkehrt. Das kann ohne Vorwarnung und ohne aufgeregtes Rufen geschehen. Jedesmal wenn ich den Beginn des Grabens beobachtet habe, war es das Männchen, das die Arbeit begann. Es passiert, daß er zwei- oder dreimal ohne irgendeine Antwort des Weibchens zum Ufer fliegt und der Plan eine Weile aufgegeben wird. Wenn das Weibchen aber erst einmal Interesse daran findet, fliegen sie einer nach dem anderen zum Ufer und wechseln sich mit dem Aufpicken der Erde ab. Nach jedem Schnabelhieb fallen sie nach hinten und fliegen zu einem nahegelegenen Zweig, um die Erde am Schnabel mit einem leichten Schlag des Kopfes loszuwerden oder am Zweig abzuwischen. Zuerst picken sie sehr zufällig, und viele verschiedene Stellen werden angestochen. Schließlich wählt sich das Paar aber einen speziellen Platz aus und macht mit vereinten Kräften eine leichte Vertiefung, die ausreicht, um einem Vogel Halt für die Zehen zu geben. An die Erde oder ein Stück freie Wurzel geklammert, vermag der Eisvogel den Erdboden wie ein Specht aufzupicken. Offensichtlich ist das harte Arbeit, denn wenn der Vogel nach hinten fällt und zum Zweig zurückkehrt, sieht er erschöpft aus und sitzt mit halbgeöffnetem Schnabel keuchend da, während sein Partner ihn nun beim Graben ablöst.

Das Paar teilt sich die Arbeit, obwohl ich feststellen konnte, daß das Männchen immer etwas intensiver weitergräbt und ein bißchen länger arbeitet. Ist es dem Paar erst einmal gelungen, ein Loch zu graben, das groß genug ist, um hineinzukriechen, wird die Arbeit etwas leichter, und es geht schneller voran. Weil der Tunnel nur wenig größer als der Körper ist, kann sich der Eisvogel nicht darin umdrehen und muß rückwärts herauskommen. Dabei dient der kurze, stummelartige Schwanz als eine recht wirksame Schaufel, die Erde aus dem Loch herauszuschieben. Scharren mit den Füßen hilft zusätzlich, die Erde aus dem Loch zu entfernen. Jeder Vogel ist mindestens fünf Minuten mit dem Graben an der Reihe, während sich der andere in der Nähe ausruht.

Der ruhende Vogel ist nicht untätig, sondern hält ständig Wache, während sich der grabende Vogel im Nestloch befindet. Der ruhende Vogel versichert seinem Partner mit gedämpften Pfeifftönen, daß alles in Ordnung ist. Wenn es irgendeinen Grund für eine Warnung gibt, ruft ein leichter Wechsel des Tones den Vogel aus dem Nestloch, und er bringt sich in Sicherheit. Zuweilen fliegt das Männchen für einen Augenblick fort, um einen Fisch als Geschenk für das Weibchen zu fangen. Wenn sie zu einer Ruhepause auftaucht, beschenkt er sie mit dem Fisch, bevor er zu graben fortfährt. Das Paar gräbt mit Unterbrechungen den ganzen Tag lang. Ein typischer „Arbeitstag" beginnt mit einer Mahlzeit in der ersten Stunde nach Tagesanbruch. Ihm folgt ein zweistündiges Graben am Nestplatz, und nach einer etwa einstündigen Mahlzeit folgt eine Pause mit ausgiebigem Gefiederputzen bis zum Nachmittag. Weitere Nahrungsaufnahme und Balz gehen den nächsten Arbeitsstunden am Loch voraus. Wenn die Sonne allmählich untergeht, gehen die Vögel auf die Suche nach einer letzten Mahlzeit. Ich habe noch nie einen Eisvogel graben sehen, ohne daß der andere Vogel draußen Wache hielt. Kehrt ein Vogel allein zum Nistplatz zurück, wartet er, bis sein Partner ankommt, bevor er in das Loch schlüpft und die Arbeit aufnimmt.

Mit Fortschreiten der Arbeit, sammelt sich ein kleiner Erdhaufen am Fuße der Nistwand oder man hört, wie die Erde gelegentlich in das Wasser rieselt. Dort, wo es mehrere Nestlöcher an einem Ufer gibt, ist frisch gegrabene Erde ein sicherer Hinweis darauf, welches Nestloch beflogen wird.

Eisvögel graben ihren Tunnel meist innerhalb des obersten Meter der Uferböschung. Die Mehrzahl ist nicht weiter als 0,5 Meter von der Erdoberfläche entfernt. Nach britischen Untersuchungen von 136 Nestern lagen 102 (75%) zwischen 0,5 und 1,5 Meter über der Wasseroberfläche. Im Extremfall waren sie nur 15 cm über der Wasseroberfläche im Ufer eines Wasserreservoirs bzw. 9,1 Meter hoch in einem Steinbruch. Die Länge der 35 erfaßten Nesttunnel variierte zwischen 15 cm und 94 cm, 75 % waren jedoch länger als 31 cm. Im Jahre 1933 registrierte Clancey 2 Nesttunnel, die je 137 cm lang waren. Beide befanden sich in Südschottland. Die Durchschnittslänge liegt

Der Eisvogel fliegt zum Nistufer und pickt die lockere Erde auf, bis eine Vertiefung entstanden ist.

Der männliche Vogel — noch mit Erde am Schnabel — ruht sich von der Anstrengung aus.

Wenn erst eine Vertiefung entstanden ist, hat der Eisvogel einen Halt für die Zehen und gräbt weiter in das Ufer hinein.

ieser weibliche
svogel hält
der Nähe des
istufers Wache,
ährend sein Partner
it dem Graben
der Reihe ist.
ebenbild: Nach
iner Grabearbeit fällt
r Eisvogel vom
fer ab und dreht
h mitten in
r Luft, bevor
wegfliegt.

unter normalen Bedingungen möglicherweise zwischen 60 und 90 cm. In Anbetracht der Größe des Eisvogels und der Länge des Tunnels, den er zu graben hat, können wir das als eine Mammutaufgabe betrachten. Im allgemeinen beginnt der Tunnelbau in einem Winkel von 90° zum Ufer, nur selten in einem anderen Winkel. Anfangs ist der Erdboden frei von Vegetation, aber im Laufe des Sommers kann er teilweise durch überhängende Pflanzen dem Blick entzogen werden. Für den Eisvogel ist es von Vorteil, die Höhle so gerade wie möglich zu graben, weil die einzige Lichtquelle für das Hausinnere der Tunneleingang ist.

Verläuft der Tunnel in irgendeiner Form gebogen, ist der Lichteinfall stark reduziert. Die Folgen daraus werden im nächsten Kapitel behandelt.

Bei der Grabungsweise der Eisvögel wird die Erde von vorn und etwas nach oben aufgepickt, folglich hat die Höhle eine leichte Steigung, die unter normalen Bedingungen etwa 10° beträgt. Der Neigungswinkel vom Nest weg ist äußerst wichtig, um hygienische Bedingungen aufrechtzuerhalten. Die Exkremente müssen den Tunnel hinunter verschwinden können. Am Ende der Brutzeit kann ein Rinnsaal schwarzen Schleimes aus der Höhle hervorkommen. Die Bodenstruktur beeinflußt die Länge des Tunnels und den Winkel, in dem er zur Kammer ansteigt. Je schwieriger es für die Vögel ist zu graben, um so kürzer ist der Tunnel und umso größer ist die Neigung. Die Arbeitsbedingungen beim Graben der Röhre sind ziemlich beengt, da der Durchmesser des Loches nur wenig größer als der Körper des Vogels ist. Ein neuer Tunnel mißt etwa 6-7 cm im Durchmesser und ist normalerweise kreisförmig. Gegen Ende der Brutzeit kann sich der Eingang etwas vergrößert haben. In einem Bericht wird ein Nestloch erwähnt, das mehrere Jahre hindurch benutzt worden war. Es war von dem ständigen Durchgang der Eisvögel abgenutzt worden und hatte die Größe eines Kaninchenbaus.

Wenn die Eisvögel beim Graben im Nistufer auf ein Hindernis stoßen, ist ihre erste Reaktion darauf der Versuch, es zu entfernen. Indem sie die Erde rund um das Hindernis lockern, ist es den Vögeln schließlich möglich, relativ große Steine zu beseitigen. Jedoch können sehr große Steine oder massive Wurzeln nicht entfernt werden, und sie verschwenden eine Menge Zeit, wenn sie es trotzdem versuchen. Schließlich gehen die Eisvögel entweder von der geraden Tunnellinie ab, um dem Hindernis auszuweichen oder sie beginnen, was häufiger geschieht, einen neuen Tunnel in ein oder zwei Meter Entfernung. Jeder gekrümmte Tunnel kann auf schwierige Grabebedingungen oder große Hindernisse zurückgeführt werden. Es geschieht häufig, daß man den Anfang eines Nesttunnels findet, der wegen eines Hindernisses verlassen wurde. Ein Eisvogelpaar kann zwei oder drei Versuche unternommen haben, ein Nest zu graben, bis es erfolgreich ist. Die andere Alternative ist, den Tunnel zu erweitern und die Kammer vor dem Hindernis zu errichten. Das ist der einfachste und schnellste Weg, um das Problem zu lösen; die Vögel werden es aber nur tun, wenn der Tunnel schon lang genug ist.

Die Kammer ist eine knollige Erweiterung des Tunnels, in die die Eier gelegt werden. Sie hat in der Regel einen Durchmesser von 9 - 10 cm und ist ca. 12 - 14 cm lang. Der Boden der Kammer ist etwas ausgehöhlt, um zu verhindern, daß die Eier heraus- oder den Tunneleingang hinunterrollen. Einige Eier gehen jedes Jahr auf diese Weise verloren, weil gelegentlich die Aushöhlung nicht tief genug ist und die Eier leicht herausgerollt werden, wenn die Eltern das Nest verlassen.

Es wird kein Nistmaterial in das Nest gebracht, um es zu polstern. Die Eier werden einfach auf den nackten Erdboden gelegt. Während die Eltern die Eier ausbrüten, würgen sie Speiballen aus unverdaulichen Fischgräten und Schuppen heraus, die auf den Boden der Kammer fallen und einen weißen Belag bilden; dieser vermischt sich mit der trockenen Erde. Früher dachte man, daß die Speiballen bewußt ins Nest gelegt werden, aber das ist nicht der Fall. Interessant erscheint, daß die Eisvögel versuchen, sämtliche Speiballen zu entfernen, bevor sie ein zweites Gelege im gleichen Nest ablegen. Sobald ein Eisvogel mit dem Kopf zuerst aus dem Nestloch herauskommt, ist es ein Zeichen dafür, daß tief unter der Erde die Kammer gebaut wird, denn nur dort können sich die Vögel herumdrehen, weil der Durchmesser des Tunnels für eine Wendung zu eng wäre. Ein amüsanter Anblick ist es, wenn einer der Vögel einen Augenblick lang am Rand des Loches sitzt und über den Fluß schaut, als ob er die Aussicht genießen würde. Dieses Verhalten habe ich nur ein einziges Mal in den wenigen Tagen, in denen die Kammer fertiggestellt wurde, beobachten können.

Das Graben des Tunnels und der Kammer findet hauptsächlich im März statt; sie kann jedoch schon im Februar begonnen werden und sich bis in den April ausdehnen. Wie lange der Bau dauert, läßt sich kaum sagen, weil zu viele Umstände miteinzubeziehen sind. Ungünstige

Wetterbedingungen spielen eine große Rolle, weil Eisvögel im allgemeinen nur dann graben, wenn sie gut ernährt sind. Sie vermeiden es, an regnerischen oder kalten Tagen zu graben. Weil die Eisvögel stets paarweise arbeiten, wird sogar noch mehr Zeit verschwendet, wenn einer der beiden Vögel nicht willens ist zu graben. Umstände wie diese können einen Zeitunterschied zwischen 8 Tagen und 8 Wochen bis zur Fertigstellung des Nestes ergeben.

Paare, die sich sehr frühzeitig gebildet haben und mit dem Nestbau beginnen, werden häufig durch schwierige Wetterbedingungen aufgehalten. Später beginnende Paare haben nicht die gleichen Probleme und scheinen im Frühling intensiver am Nestbau zu arbeiten. Aus diesem Grund findet die Eiablage sowohl früh als auch spät beginnender Paare aber trotzdem fast gleichzeitig statt.

Wenn erst die Nestkammer fertiggestellt ist, benehmen sich die Vögel ruhiger und gelassener. Die Zwänge der Paarungszeit scheinen sie für einige Zeit in Ruhe zu lassen. Die Nestkammer ist immer noch der Hauptanziehungspunkt in dem Revier und ein Ort, an dem sich das Paar im allgemeinen trifft.

Während der ersten Apriltage wartete ich in einem Versteck in der Nähe eines Nestloches. Die Kammer war vor ein oder zwei Tagen fertiggestellt worden, aber das Wetter war sehr kalt, regnerisch und stürmisch geworden. Der Morgen war wieder trocken und sonnig, und das Weibchen hatte 15 Minuten lang — sich putzend — auf einem Erlenzweig gesessen. Dann hörte es das Männchen in der Ferne rufen und antwortete laut. Bei seiner Ankunft saß es aufrecht in Balzgrußhaltung, und er landete auf einem Pfosten jenseits des Baches. Er hielt eine Elritze im Schnabel, bereit, sie dem Weibchen zu übergeben. Es flog zu ihm herüber, konnte aber nicht neben ihm landen, weil kein Platz auf dem Pfosten war. Deshalb flog es zurück in den Erlenbusch, und binnen einer Minute schloß sich das Männchen an. Der Fisch wurde übergeben, und das Weibchen verschlang ihn schnell. Ein paar Sekunden lang zeigte das Männchen Imponierverhalten, bevor es plötzlich hinter das Weibchen flog. Dieses lehnte sich fast horizontal nach vorn, und das Männchen schwebte kurz über ihm, ehe es auf seinem Rücken landete. Das Männchen packte mit seinem Schnabel die Kopffedern des Weibchens, und es kam zur Paarung. Die Kopulation geschah sehr schnell. Das Männchen flog anschließend flußabwärts außer Sichtweite. Nach zehn Minuten verschwand das Weibchen in die gleiche Richtung.

Männchen läßt sich
dem Rücken
Weibchens nieder
packt die
ern am Hinterkopf,
rend die
ulation stattfindet.

Im allgemeinen kopulieren Eisvögel in einem Zeitraum von ein bis zwei Wochen um den 1. April herum. Die Fertigstellung der Nestkammer stimuliert das Paar, sich zu vereinigen. Schlechtes Wetter kann sie jedoch eine Zeitlang davon abhalten. Nicht immer geht der Paarung jedoch ein Balzfüttern voraus. Nur bei 50 % der Paarungen, die ich beobachtete, war dies der Fall. Bei bestimmten Paaren scheint Balzfüttern jedoch die Kopulation zu stimulieren. Wenn das Weibchen nicht paarungsbereit ist, zeigt es sich recht aggressiv, sitzt aufrecht mit weitgeöffneten Schnabel und ruft verärgert. Wenn es bereit ist, lehnt es sich vorwärts und bringt seinen Rücken in die Waagerechte, was es dem Männchen ermöglicht, sich auf ihm niederzulassen. Das Männchen packt immer ziemlich bewußt mit seinem Schnabel die Federn auf dem Kopf des Weibchens. Während er seine Flügel gebraucht, um die Balance zu halten, bewegt das Weibchen seinen Schwanz seitwärts und die Kopulation findet statt. Der ganze Vorgang kann bis zu einer halben Minute dauern oder auch in wenigen Sekunden vorüber sein.

Eier und Junge

DIE Eier des Eisvogels sind typisch für Vögel, die in Höhlen nisten. Sie brauchen weder eine Tarnung, um sie im Nest zu verstecken, noch eine besondere Form, um zu verhindern, daß sie in einer gefährlichen Situation herausrollen. Wenn ein Ei frisch gelegt worden ist, ist die Schale dünn, transparent und blaßrosa. Doch nach kurzer Zeit, verwandelt sich die Farbe des Eies in reines, glänzendes Weiß. Den Eltern hilft das Weiß bei der Lokalisierung der Eier in der Dunkelheit der Niströhre. Jedes Ei wiegt ca. 4,5 g, ist ca. 22,6 mm lang und hat einen Durchmesser von 18,7 mm. Im Verhältnis zur Größe des Weibchens sind die Eier recht groß.

Meist bestehen die Gelege aus 6-7 Eiern, doch habe ich auch schon ein Nest mit nur 5 Eiern gefunden. Die Anlage des Eisvogelnestes macht es einem sehr schwer, die genaue Anzahl der Eier zu bestimmen, und das Zählen der Jungvögel im Nest ist nicht möglich, ohne eine große Störung zu verursachen. Selbst wenn man das Innere der Nistkammer filmt und fotografiert, ist es schwierig, die Jungen zu zählen, weil sie sich zusammendrängen. Es wird berichtet, daß die Gelegegrößen von 3-10 Eiern reichen; 70 % haben 7 und 18 % haben 6 Eier. Gelege mit mehr als 8 Eiern sind sehr selten. Die Eier der ersten Brut werden während der letzten Märzwoche und den ganzen April hindurch gelegt. Ein Höhepunkt wird in den ersten beiden Aprilwochen erreicht.

Pro Tag wird ein Ei auf den nackten Boden der Nestkammer

gelegt. Ein Weibchen pflegte seine Eier jeden Tag etwa um 9 Uhr zu legen. Ein anderes war etwas früher dran, aber im allgemeinen scheint die erste Morgenhälfte die bevorzugte Zeit dafür zu sein. Die Eier werden nicht bebrütet, bevor das Gelege vollständig ist bzw. nur noch 1 Ei zu legen ist. Dadurch wird sichergestellt, daß alle Jungen am selben Tag schlüpfen und die gleichen Überlebenschancen haben. Tagsüber wird das Brüten mehr oder weniger gleichmäßig unter dem Paar aufgeteilt; jeder Vogel ist etwa $1^1/_2$ Stunden lang an der Reihe. Wie lange im Nest verbracht wird, bestimmt hauptsächlich der abwesende Vogel. Der brütende Vogel geht nicht von den Eiern, bevor sein Partner zurückkehrt. Meist verbringt das Weibchen mehr Zeit beim Brüten, weil es oft schon nach einer Stunde seinen Posten wieder aufnimmt. Welcher Vogel die Nacht über im Nest bleibt, konnte ich bisher nicht ermitteln; ich vermute jedoch, daß es das Weibchen ist, wenn man von seinem zerzausten Aussehen am Morgen ausgeht. Bei der Brutablösung sind beide Vögel immer aufgeregt, da sie sich nur für ein paar Augenblicke zu sehen bekommen. Sie rufen, zeigen Balzverhalten und das Männchen bringt dem Weibchen oft einen Fisch. Hat einer der Partner seine Pflichten im Nest übernommen, ist alles wieder friedlich, und der andere Vogel geht auf Nahrungssuche.

Unter der Erde trappelt der Eisvogel den Tunnel hinauf in die Kammer. Anstatt sich sofort auf die Eier zu setzen, drängt er sich um sie herum, bis er den hinteren Teil der Kammer erreicht. Dann hockt er sich hin, indem er sich vorsichtig nach vorn senkt, um die Eier zu bedecken, so daß er schließlich den Tunnel hinunterschaut und der frischen Luft zugewandt ist. Die Eier werden vorsichtig von dem Vogelkörper zugedeckt und gleichzeitig mit dem Schnabel gewendet. Ein schützender Flügel sinkt herab und versteckt die Eier völlig. Manchmal wird ein Ei zufällig von den übrigen fortgestoßen, wenn der Vogel das Nest verläßt. Gelegentlich wird sich der brütende Vogel auf den verbleibenden Eiern niederlassen und das verdrängte Ei ignorieren, auch wenn es nur ein oder zwei Zentimeter entfernt sein mag. Das Ei erkaltet dann möglicherweise und ist nicht mehr lebensfähig. Clancey (1935) beschreibt, daß Eisvögel beim Verlassen der Nestmulde meist mit den Füßen Eier herausstoßen, die am Rand liegenbleiben. Ich selbst habe das zwar noch nie gesehen, muß aber zustimmen, daß Eisvögel ziemlich gleichgültig gegenüber den Eiern zu sein scheinen, die sich nicht mehr unmittelbar im Nest befinden. Bei etwa der Hälfte der Nester, die ich beobachtet habe, wurden ein oder zwei Eier nicht ausgebrütet,

Die Eier sind völlig v brütenden Weibchen bedeckt, während sie Tunneleingang gegenübersitzt. *Neben* Dieses Gelege aus sie leuchtend weißen Eie vollständig.

Die kürzlich ausgesch Jungen werden unter schützenden Flügel de Elternvogels warmgeh

r Altvogel kehrt mit
em Fisch zum Nestloch
rück.

enn der Altvogel am
stufer ankommt, ist der
ch schon mit dem Kopf
ran für die Übergabe an
e Jungen in die richtige
ge gebracht worden.

weil sie entweder verdorben oder unfruchtbar waren. Unfruchtbare Eier bleiben rosa und transparent. Sie werden nie völlig weiß.

Äußerst interessant und beglückend ist es, den brütenden Eisvogel unter der Erde in der Nestkammer zu beobachten. Die Eier sind völlig vom Gefieder des Vogels bedeckt. Einige Augenblicke nach seiner Ankunft rückt der Eisvogel mit seiner Schnabelspitze einige Federn an Ort und Stelle. Nachdem er sich vollständig eingerichtet hat, scheint der Vogel in Trance zu fallen. Er sitzt sehr still und schaut mit starren Augen den Tunnel hinab. Ich habe ihn sogar in dieser Phase mit Blitzlicht fotografiert, aber weder das Klicken der Kamera, noch das Blitzlicht veranlaßten ihn, sich zu bewegen. Bis zu 15 Minuten kann er in dieser tranceartigen Haltung verharren. Fast jedesmal wenn ein Vogel die Eier bebrütet, würgt er ein Speibällchen aus; folglich wird der Boden der Kammer von übelriechenden Fischgräten und Schuppen geweißt. Ich sah einmal, wie ein Vogel absichtlich ein fallengelassenes Speibällchen aufbrach und dann langsam mit seinem Schnabel die Erde aufwühlte und darin herumstocherte. Das mag dazu dienen, die Fischgräten mit der Erde zu vermischen und den Boden der Kammer zu belüften, damit er trocken bleibt. Ob das eine regelmäßige und bewußt ausgeführte Handlung ist, um den Boden der Kammer trocken zu halten, vermag ich nicht zu sagen.

Die Brutdauer beträgt normalerweise 19 bis 20 Tage. Ein Gelege ist mir bekannt, das bereits nach 18 Tagen ausschlüpfte. Schwierige Fischfangbedingungen oder ständige Störungen am Nest verlängern das Brüten um einen Tag, so daß sich manchmal das Ausbrüten des Geleges auf 21 Tage ausdehnt.

Eines der ersten Anzeichen dafür, daß die Eier erbrütet sind, ist der Anblick eines Eisvogels, der mit einer weißen Eischale im Schnabel flußabwärts fliegt. Sämtliche Eischalen werden aus dem Nest entfernt, sobald die Jungen geschlüpft sind. Dies scheint ein sinnloses Unternehmen zu sein, da der Nestboden mit stinkenden Fischgräten bedeckt und der Tunnel weiß von übelriechendem Kot ist. Die Schalen werden vom Nest fortgetragen und mitten im Fluge über dem Fluß fallengelassen, so daß sie in der Strömung flußabwärts treiben.

Die frischausgeschlüpften Jungen sind ziemlich schwach und hilflos. Weil sie nicht selbst stehen können, lehnen sie sich im Nest aneinander. Die frisch geschlüpften Eisvögel können gerade ihren schweren, übergroßen Kopf heben. Sie tragen noch kein Federkleid, und die nackte Haut sieht rosa aus. Die Sperrachen haben eine bläuliche Tönung, obwohl das Innere des Schnabels und Rachens fleischfarben ist. Wegen der Dunkelheit in der Nestkammer braucht das Innere der Schnabelsperre nicht hell zu sein; ein Merkmal, das bei vielen Vögeln wie ein Stimulus auf den Altvogel wirkt, Futter hineinzustopfen. Der Unterschnabel ist etwas länger als der obere. An der Spitze jeder Schnabelhälfte befindet sich ein winziger weißer Fleck, der noch lange, nachdem der Eisvogel das Nest verlassen hat, zurückbleibt. Während ich diese Vögel in der Dunkelheit der Nestkammer beobachtete, wurde der Zweck dieses Fleckes deutlich. Die geringe Lichtmenge, die den Tunnel hinaufscheint, brach sich an den Spitzen der nach oben gerichteten Schnäbel und ließ sie wie kleine Leuchttürme glühen. Es ist sehr wahrscheinlich, daß dies den Altvögeln hilft, die ständig offenen Schnäbel selbst im Halbdunkel noch zu finden. Ich brauchte mehrere Minuten, um meine Augen an die Dunkelheit unter der Erde anzupassen und es war fast genauso schwierig, nach einer langen Zeit im Dunkeln in das helle Sonnenlicht herauszukommen. Der Eisvogel scheint jedoch in der Lage zu sein, sich diesen extremen Wechseln anzupassen.

Alle Jungen schlüpfen innerhalb weniger Stunden. Die Eltern hudern die Jungtiere anfangs ununterbrochen; während einer Fische fängt, hudert der andere. Kommt der eine Altvogel mit einem Fisch zurück, ruft er seinen Partner aus dem Nest. In dem Augenblick, in dem dieser aus dem Loch heraus und flußaufwärts wegfliegt, bringt der andere den Fisch in den Tunnel. In der Ruhe der Kammer (die Jungen sind in dieser Entwicklungsphase ruhig) kann man hören, wie die Füße des Altvogels den Tunnel hinauftrappeln. Weil der erwachsene Vogel den Tunnel mit seinem Körper füllt, ist die Kammer fast völlig in Dunkelheit gehüllt. Die Jungen reagieren darauf und heben mühsam ihre Köpfe etwa in Richtung des Eingangs. Der Altvogel überreicht den Fisch mit dem Kopf zuerst dem nächsten Jungen. Dieser nimmt ihn entgegen und verschlingt ihn im ganzen. Die Altvögel zerpflücken ihn nicht in Streifen, wie behauptet worden ist. Die Fische werden von den Altvögeln bewußt ausgewählt und sind viel kleiner als die, die ein ausgewachsener Eisvogel fangen würde. Die Größe des Fisches, mit der ein einen Tag alter Eisvogel fertig werden kann, ist bemerkenswert. Ich habe ein Junges gesehen, das im Nest saß und den Kopf eines Fisches vollkommen verschlungen hatte, dessen Schwanz jedoch noch volle 10 Minuten aus seinem Schnabel heraushing. Sobald der Kopf teilweise angedaut war, konnte das Junge den restlichen

Mit schwirrenden Flü
und ausgestreckten F
kommt der Altvogel a
Eingang des Nestloch
an.

Fisch mit einer schnellen Schluckbewegung verschlingen.

Im gleichen Maße, wie die jungen Eisvögel wachsen, wächst auch ihr Bedarf an Nahrung, und sie fangen an, nach Futter zu rufen. Bevor ich die Aktivitäten innerhalb der Nestkammer beobachten konnte, pflegte ich aus einem Versteck, einige Meter vom Nestloch entfernt, zuzusehen, und es klang immer so, als ob die ganze Brut zur gleichen Zeit nach Futter rief. Ich weiß jetzt aus späteren Beobachtungen, daß ein einziger Vogel sehr wohl in der Lage ist, genug Lärm für die ganze Brut zu machen und daß es in Wirklichkeit nur ein oder zwei Vögel waren, die zur gleichen Zeit riefen. Der Ruf der Jungen im Nest unterscheidet sich sehr von dem durchdringenden Pfeifton des erwachsenen Vogels. Mit weit geöffneten Schnäbeln stoßen sie aus ihren Kehlen einen anhaltenden surrenden Ton aus, der etwa wie „Vrüü" klingt. Die Vögel hören anscheinend nicht auf, um Luft zu holen, und das sanfte, surrende Geräusch wächst an Volumen mit dem Wachsen der Vögel und wird nun zu einem gereihten „uirr-uirr . . ." oder „rüh-rüh-rüii". Wenn sie hungrig sind, rufen die flügge gewordenen Vögel den ganzen

hon in dieser frühen
twicklungsstufe
nnen die Jungvögel
emlich große Fische
rschlingen.

enn das Weibchen am
inneleingang
kommt, bereitet sich
s Männchen darauf
or, die Nestkammer zu
rlassen, und die
ngen warten gierig auf
e nächste Mahlzeit.

Tag über, sind sie aber gut gefüttert, reagieren sie auf den ankommenden Elternteil mit dem surrenden „vrüü - vrüü". Bei irgendeinem Anzeichen von Gefahr sind sie sofort ruhig, bis die Elternvögel mit einem neuen Fisch zum Nest zurückkehren.

Innerhalb einer Woche kommt das Füttern der Brut voll in Gang, und es bleibt nur wenig Zeit zum Hudern, da die Eltern den Fluß hinauf- und hinunterfliegen und Fische zum Nest bringen. Nach einer Woche sind die Jungvögel erheblich gewachsen, und, obwohl sie noch blind und federlos sind, zeigen sie allmählich eine dunkle Färbung unter der Haut, und zwar an den Stellen, an denen die blauen Federn wachsen werden. Um den zwölften oder dreizehnten Tag herum fangen die Jungen an, wie Miniatur-Altvögel auszusehen. Ihre Augen öffnen sich ein wenig, und die Federn, die von einer Schutzhülle überzogen sind, brechen durch. Ein paar Tage später bietet der kleine Eisvogel einen komischen Anblick: Die Federn sind gewachsen, aber jede ist von einer blassen halbtransparenten Schutzhülle umgeben. Das Junge sieht aus wie ein blaßblau und orangefarbenes junges Stachelschwein. Seine wahre Eisvogelgestalt ist an dem langen Schnabel, dem großen Kopf, dem kräftigen Körper und dem kurzen Schwanz erkennbar. Langsam beginnt der Stachelkleideffekt zu verschwinden, denn die Federscheiden spalten sich von der Spitze her auf, und jede einzelne Feder bricht hervor. Dieser Prozeß ist erst ein oder zwei Tage, bevor die Vögel das Nest verlassen, beendet. Der Boden der Nestkammer wird von den Federscheiden bedeckt, die sich mit den Speibällchen und der trockenen Erde vermischen und ein weißes Pulver bilden.

Jeder Jungvogel nimmt zwischen 12 und 18 Fische täglich zu sich. Diese Zahl ist abhängig von der Größe der Fische. Bei einer Brut von 6 oder 7 Jungen muß jedes Elternteil ca. 50 Fische fangen und weitere 15 Fische für seinen eigenen Bedarf. Das Leben in der Nestkammer ist straff organisiert. Die Jungvögel zanken sich nicht und kämpfen nicht untereinander. Die hungrigen Vögel sitzen vorn, schauen den Tunnel hinunter und rufen unaufhörlich. Beim Geräusch der Flügelschläge eines Altvogels, der zum Nest zurückkehrt, wird der Ton aufgeregter, und der Altvogel trappelt mit einem Fisch den Tunnel hinauf, um die Jungen zu füttern. Der Fisch wird vorwärts den Jungen entgegengehalten, und der hungrige Vogel, der am nächsten sitzt, „schnappt" ihn. Bei ihrer Gier, das Futter zu verschlingen, kann sich ein ziemlicher Ringkampf ergeben, wobei ein Junges nicht nur den Fisch, sondern auch den Schnabel des Altvogels packt. Wenn sein Appetit gestillt ist, schleppt sich dieses Junge in den Hintergrund der Kammer und bewirkt damit, daß die, die hinten warten, nach vorn gelangen. Auf diese Weise werden die Jungen ziemlich genau der Reihe nach gefüttert. Hinten in der Kammer ruhen sie sich aus, verdauen die Nahrung und würgen hin und wieder unverdauliche Fischgräten und -schuppen heraus.

Wir haben gesehen, daß der Nesttunnel schräg von der Kammer abfällt, was günstig ist, weil der Kot des Eisvogels aus einer äußerst übelriechenden flüssigen Substanz besteht. Die Jungen gehen rückwärts an den Rand der Kammer und spritzen ihren Kot den Tunnel hinunter auf die Lichtquelle zu. Als ich einmal die Jungen unterirdisch im Nest fotografierte, ließ ich versehentlich einen Lichtspalt an meinem Ohr. Bald wurde offenbar, daß die Vögel ihren Kot in Richtung auf die hellste Lichtquelle spritzten und ich war erschreckt über die Präzision und Kraft, mit der dieser herausgestoßen wurde. Das veranschaulicht, daß ein großer Teil der Nestaktivitäten sich um die Lichtquelle dreht. Verläuft der Tunnel gekrümmt oder gebogen, ist das Licht abgeschwächt. Dies bedeutet, daß das Füttern schwieriger wird und die Jungen ihren Orientierungssinn verlieren. Sie sitzen ungeordnet, so daß der Fütterungskreislauf durcheinandergerät. Der Kot wird überall hingespritzt und damit das Nest verschmutzt. Als ich eine Eisvogelbrut von Hand aufzog, hielt ich es deshalb für wichtig, eine gut ausgerichtete Lichtquelle zu haben, um den natürlichen Nestrhythmus beizubehalten.

Der Tunnel verschmutzt bald von der weißen Flüssigkeit, und schließlich läuft ein verräterisches Rinnsal aus dem Loch heraus und das Ufer hinunter, ein gutes Zeichen dafür, daß das Nestloch besetzt ist. Wenn die Jungen wachsen, wird die Nestkammer sehr eng. Die erwachsenen Vögel brauchen jetzt nur an das Tunnelende zu kommen und einen Fisch vorwärts in die Kammer zu stoßen. Ein Junges wird unverzüglich das Angebot annehmen. Weil die Kammer jetzt so voll ist, ist es für die Eltern leichter, den Tunnel rückwärts hinunterzugehen als sich herumzudrehen. Es war faszinierend zu beobachten, wie die Vögel rückwärts am Tunnelende auftauchten. Erst mit Hilfe von Fotografien war es mir möglich festzustellen, daß sich die Altvögel erst in der Luft überschlagend umdrehten, bevor sie fortflogen. Nach dem Verlassen der Niströhre tauchen die Altvögel in den Fluß, um sich vom Kot auf ihrem Gefieder zu befreien.

Drei oder vier Tage bevor sie das Nest verlassen sollen,

Wenn allmählich die
unter der Haut sichtb
werden, nehmen die
mehr ein eisvogelähn
Aussehen an.

Die Federn, die von e
Schutzhülle umgeben
brechen durch die Ha
sehen aus wie ein
Stachelkleid; die Altvo
Färbung ist schon leic
angedeutet.

Detailaufnahme der
Primärfedern, die aus
Schutzhüllen brechen.

: Tage, bevor sie das
verlassen, werden die
ı mit voll
wachsenen Elritzen
ert.

jungen Eisvögel ruhen
wischen den
zeiten aus. Wieder
würgte Fischgräten
bgeworfene
zhüllen sind auf dem
ı der Kammer
eut.

ot wird kraftvoll in
ıng der nächsten
quelle ausgestoßen, die
sem Falle zufällig vom
rafen geschaffen
e. Normalerweise ist
ınneleingang die
ge Lichtquelle, und auf
Weise wird die
ner sauber gehalten.

drängen sich die eben flügge gewordenen Jungvögel der Reihe nach vorwärts an den Tunnelanfang. Dort haben sie Platz, um ihre Flügel auszustrecken und zu bewegen, bereit für den Tag, an dem sie am Tunnelende hinausfliegen müssen. Sie haben noch nie gesehen, wie ein Vogel fliegt. Immer mehr Zeit wird damit verbracht, die Federn zurechtzurücken und noch vorhandene Federscheiden fortzustochern. In dieser Entwicklungsstufe sind die Jungen fast so groß wie die Erwachsenen und eng in der Kammer zusammengepfercht.

Nach meinen Beobachtungen sind Eisvogelbruten entweder ein voller Erfolg oder ein absoluter Fehlschlag, d. h., daß alle ausgeschlüpften Jungen erfolgreich aufgezogen werden, bis sie das Nest verlassen oder daß infolge einer Anzahl von Widrigkeiten die ganze Brut stirbt. Es gibt natürlich auch Gelegenheiten, bei denen ein oder zwei Junge sterben und der Rest der Brut gedeiht. Die Gründe für einen Fehlschlag lassen sich in zwei Kategorien einteilen: Erstens können extreme Wetterbedingungen sehr zu frühen Bruten beitragen. Starker Regenfall kann zu Überschwemmungen führen, die die Fangbedingungen sehr erschweren. Im Mai 1979 waren alle Flüsse in meinem Beobachtungsgebiet überflutet. Ich sah fünf Nester, die völlig mit Wasser gefüllt waren, und ich bin sicher, daß jedes Nest am Fluß zerstört worden war. Von den fünf Nestern, die ich beobachtete, hatten vier etwa zwei Wochen alte Junge. Im fünften waren die Eier erst ein oder zwei Tage zuvor ausgebrütet worden. Ich schätze, daß etwa hundert Eisvogeljunge an diesem Tage ertranken. Die Altvögel überlebten und zogen erfolgreich die Brut der Zweitgelege auf. Durch natürliche Freßfeinde werden auch einige Bruten vernichtet, obgleich dies nicht sehr häufig vorkommt. Bei dem Geruch und Lärm, der aus dem Nestloch kommt, könnte man sich vorstellen, daß viel mehr Räuber davon angezogen werden müßten. Ein ungewöhnliches Ende nahm ein Nest, als ein Maulwurf seinen Gang genau durch die Nestkammer grub. Wenn einmal eine Brut junger Eisvögel durch Hunger oder Kälte geschwächt worden ist, hört sie auf, ihren hartnäckigen Ruf nach Futter auszustoßen. Ein Elternteil kann dann zwar mit einem Fisch ankommen, nimmt aber an, daß der andere Elternteil ihre Bedürfnisse schon befriedigt hat, weil er die Jungen ruhig vorfindet und verschlingt den Fisch selbst.

Eine Brut, die ich beobachtete, starb beinahe, als ein Fischer in 0,5 m Entfernung vom Nest saß und für den größten Teil des Tages dort fischte. Die Elternvögel jagten mit Futter in den

Schnäbeln hinter ihm vor und zurück, hatten aber nicht den Mut, in das Loch hineinzufliegen. Am späten Nachmittag machte ich den Fischer darauf aufmerksam, und er erzählte, daß er schon seit dem frühen Morgen dort gewesen sei. Als er ging versicherte er mir, daß es Dutzende von Eisvögel an dieser Flußstrecke gäbe, die den ganzen Tag um ihn herumgeschwirrt seien. Versteckt beobachtete ich, wie ein Vogel mit dem Fisch in das Loch hineinflog. Als er wieder erschien, war der Fisch verschwunden, also nahm ich an, daß ein Junges gefüttert worden war. Innerhalb von 40 Minuten wurden dann dreizehn Fische in das Nest gebracht und als ich näherkroch, konnte ich das Rufen der Jungen hören. Glücklicherweise war es ein warmer Tag, und die Jungen waren schon ziemlich groß, so daß sie besser in der Lage waren, ohne Nahrung zu überleben. Die Störung durch Menschen ist ein entscheidendes Problem für nistende Eisvögel. Obwohl es Kinder im allgemeinen nicht böse mit den Vögeln meinen, können sie nicht widerstehen, das Nest auszugraben oder mit Stöcken in dem Loch zu stochern. Schwere Maschinen, die die Ufer planieren und das Land trockenlegen, zerstören jedes Jahr mehrere Nester an Tieflandflüssen.

Etwa am zweiundzwanzigsten Tag verändern die Jungen allmählich ihren Ruf, der sich von dem surrenden „vrüü" sehr unterscheidet. Hin und wieder läßt ein Junges ein einzelnes, kurzes, scharfes „tschick" hören. Der neue Ruf wird immer häufiger benutzt bis zu dem Tage, an dem sie das Nest verlassen und er völlig das Surren ablöst. Ich war über diesen Wechsel des Rufes besonders überrascht, als ich eine Eisvogelbrut von Hand aufzog. In der Pappschachtel, die als Nestersatz diente, benutzten die Jungvögel den normalen „vrüü-vrüü"-Ton, bis sie das Nest verließen. Ich wollte sicher sein, daß sie selbst in der Lage wären, Fische zu fangen, bevor ich sie freiließ. Deshalb hielt ich sie, nachdem sie die Schachtel verlassen hatten, eine Zeitlang in einer Voliere. Dort stießen sie plötzlich das scharfe „tschick" aus, und einige Tage lang waren die vorherigen Surrtöne nicht mehr zu hören. Um imstande zu sein, die Vögel jede Nacht gut zu füttern, beschloß ich, sie am Abend einzufangen und wieder in die Pappschachtel zurückzusetzen. Sobald sie in der Kiste waren, fingen sie wieder mit dem alten Surren an, welches sie mehr als 3 Tage nicht mehr hatten hören lassen. Dies ging mehrere Tage lang so weiter, bis sie schließlich begannen, selbst nach Fischen zu tauchen.
Tagsüber wurde in der Voliere der „tschick"-Ruf benutzt, abends in der Kiste das Surren.

Ein Altvogel verläßt d[...]
Nestloch, um nach weiteren Fischen zu suchen.

Eisvogelbruten bleiben in der Regel 24-25 Tage im Nest. Extremwerte von 22 und 37 Tagen sind registriert worden (Claney, 1934). Die Verweildauer im Nest scheint abhängig von der Futterversorgung der heranwachsenden, flügge gewordenen Jungen zu sein. Claney berichtet, daß die Brut, die 37 Tage im Nest blieb, das Ergebnis einer „geringen Fütterungsaktivität" war und die 22 Tage-Brut „außerordentlich schnell" gefüttert worden war. Alle Bruten, die ich beobachtet habe, blieben zwischen 23 und 26 Tagen im Nest.

Wie ungewohnt muß es für die flügge gewordenen Jungen sein, in die helle Außenwelt zu fliegen, nachdem sie die ersten paar Wochen ihres Lebens in einem kleinen, überfüllten, dunklen, feuchten und übelriechenden Loch verbracht haben. Ein paarmal hatte ich das Glück beobachten zu können, wie die Jungen gerade die Brutröhre verließen. Sie sind gegenüber dem Treiben um sie herum anscheinend völlig gleichgültig: dem im Wind wogenden Schilf, dem Geräusch des Flusses, der über die Felsen sprudelt, und der Brise, die ihr weiches, unentwickeltes Gefieder aufplustert. Ihre einzige Reaktion ist, in den Himmel zu blinzeln. Sie starren ins Leere, ohne eine Vorstellung von der typischen Eisvogelhaltung zu haben, d. h., mit nach unten gerichtetem Schnabel dazusitzen und das Wasser zu beobachten. Die Jungen verlassen meistens innerhalb weniger Stunden das Nest. Es ist auch möglich, daß ein paar Junge einen weiteren Tag im Nest bleiben. Zu diesem Zeitpunkt haben sie weder den Flug eines erwachsenen Vogels, noch den Fluß unterhalb des Ufers gesehen. Dem ersten Flug der Jungen geht nur eine wachsende Ruhelosigkeit in der Nestkammer voraus. Sie werden nicht von den Erwachsenen herausgerufen und auch nicht durch Hunger dazu veranlaßt. Einmal sah ich, wie ein Männchen auf der anderen Flußseite ein Junges fütterte, während das Weibchen den anderen im Nest einen Fisch brachte. Fliegen die Jungen aus, kommen sie an das Ende des Tunnels und fliegen einfach in einen nahen Busch. Einmal schaffte es ein Junges nicht, die Breite des Flusses zu überfliegen und fiel ins Wasser. Ich konnte mir vorstellen, wie das Maul eines Hechtes unter der Wasseroberfläche darauf wartete, den Vogel zu verschlingen, und ich war erleichtert zu sehen, wie er schnell über die Wasseroberfläche zum Ufer flatterte, wo er es schaffte, sich bis zu einem Zweig zu schleppen und in der Sonne zu trocknen.

Die jungen Eisvögel bewegen sich in der Nestkammer nach vor[...] wo sie ihre Flügel bewegen, bereit für ih[...] ersten Flug.

Wenn die Jungen das Nest verlassen, haben sie die gleiche Färbung und Zeichnung wie die Erwachsenen. Eine zeitlang

ist das Gefieder ziemlich staubig und glanzlos, weil sie so lange unter der Erde waren. Nachdem sie einige Stunden hauptsächlich mit Putzen und Üben der Flügel verbracht haben, ist ihr Gefieder dem der Eltern sehr ähnlich. Die Jungen sind ein bißchen kleiner als die Erwachsenen, aber man muß genau hinsehen, um dies zu erkennen. Der Schnabel ist kürzer und behält noch mehrere Monate lang seine weiße Spitze. Es dauert auch einige Wochen, bis der Unterschnabel der weiblichen Vögel sich zu röten beginnt. Anfangs sind die Füße dunkel, werden aber über einen Zeitraum von mehreren Monaten hinweg orangerot.

Die Eltern füttern ihre Jungen weitere 2-4 Tage, nachdem sie das Nest verlassen haben und finden jedes Junge durch seinen „Tschick, Tschick"-Ruf. Das ist die einzige Zeit im Jahr, in der mehr als zwei Eisvögel zusammengesehen werden, und es ist sehr amüsant zu erleben, wie eine Reihe von Jungen von einem Elternteil gefüttert wird. Meist trennen sich die Jungen schnell und jedes findet seinen eigenen Lieblingsplatz in einem Baum nahe dem Fluß, von wo es nach seinen Eltern ruft. Aus meiner Erfahrung mit von Hand aufgezogenen Vögeln bin ich davon überzeugt, daß eine große Anzahl von Eisvögeln stirbt, ohne jemals selbst einen einzigen Fisch gefangen zu haben. Die Erwachsenen sind so erpicht darauf, mit einer zweiten Brut anzufangen, daß die Jungen höchstens 4 Tage gefüttert werden, sobald sie das Nest verlassen haben. Meines Erachtens wäre es nützlich, wenn sie wenigstens doppelt so lange gefüttert würden, um sich an den Fluß zu gewöhnen und zu lernen, wie man einen Fisch fängt. Zunächst scheint es Glückssache zu sein, daß sie in der Nähe des Flusses bleiben. Schließlich interessieren sie sich aber ernsthaft für den Fluß. Dennoch bin ich davon überzeugt, daß sie nicht durch das Beispiel der Eltern geleitet werden. Ihre ersten spärlichen Versuche, Fische zu fangen, können verhängnisvoll sein, weil sie nicht in der Lage zu sein scheinen, schnell genug ins Wasser ein- und wieder aufzutauchen, um zu verhindern, daß sich ihre Federn mit Wasser vollsaugen. Ist die Strömung nicht zu stark, schaffen es die meisten Vögel, über die Wasseroberfläche zum Ufer zu flattern, wo sie bei gutem Wetter trocknen, bis sie es nochmals versuchen. Wahrscheinlich überleben nur 50 Prozent der flügge gewordenen Vögel mehr als ein oder zwei Wochen, und nur ein oder zwei Vögel jeder Brut überleben den nächsten Winter.

Nur kurze Zeit dürfen sich die Jungen im Revier der Eltern aufhalten, dann werden sie vertrieben. Ich beobachtete einen

Altvogel, der mit einem Fisch im Schnabel flußabwärts zu einer Esche flog und von einem Jungen mit zitternden Flügeln angebettelt wurde. Er fütterte das Junge im Baum und flog dann plötzlich verärgert rufend über den Fluß. Das Weibchen hatte noch eines ihrer Jungen in einem Strauch am anderen Ufer entdeckt, und irgendetwas ließ sie entscheiden, daß es Zeit für dieses war zu gehen. Das Junge fiel fast vom Zweig vor Überraschung und Angst über den plötzlichen und unerwarteten Ausbruch seiner Mutter. Es wurde einige Meter flußabwärts gejagt, bevor es — alleingelassen — seinen Weg um die Flußbiegung und außer Sicht fortsetzte. Dann kehrte das Weibchen zurück und rief, weil es sich wohl plötzlich an den Vogel in der Esche erinnerte, wieder zweimal mit dem schrillen, erzürnten „Schrit-Schrit"-Ton. Auch dieses Junge wurde höchst unsanft vertrieben. Der Angriff verlief beide Male sehr schnell. Es sah fast so aus, als ob das Weibchen versuchte, auf dem Jungen zu landen. Es war eine amüsante Beobachtung, wie ein Augenblick später das Männchen mit einem Fisch ankam. Er rief aus der Esche und erwartete die „Tschip-Tschip"-Antwort eines Jungvogels. Stattdessen landete das Weibchen neben ihm und zeigte „Balzbetteln". Nach kurzem Imponierverhalten drehte er sich aber um und verschlang den Fisch selbst. Am nächsten Tag beobachtete ich, wie auch das Männchen eifrig damit beschäftigt war, das Revier von Jungen zu räumen. Dies verdeutlicht, wie plötzlich die Elternvögel ihre Haltung gegenüber ihrer Nachkommenschaft ändern. Die erste Aggression zeigte sich 3 Tage, nachdem die Jungen das Nest verlassen hatten.

Jeder flügge gewordene Vogel ist dazu gezwungen, am Fluß entlang Spießruten zu laufen, bis er eine freie Wasserstrecke gefunden hat. Häufig führt der Weg dieser Jungvögel an Nebenflüsse und Seitenarme und sogar bis zu Gartenteichen in der Nähe des Flusses, um zu fischen. Wie ich schon oben erwähnte, werden die Jungen zu diesem Zeitpunkt schlau, und anstatt bei der Ankunft an einer neuen Fangstelle zu rufen, bleiben sie ruhig, um nicht die Aufmerksamkeit auf sich zu ziehen. Sie stehlen dann ruhig Fische aus dem Revier eines anderen Vogels, bis sie entdeckt und fortgejagt werden. Wenn mehrere Stunden lang kein anderer Eisvogel erschienen ist, wächst ihr Selbstvertrauen, bis sie sich sicher fühlen, um anfangs mit einem ziemlich gedämpften Pfeifen zu rufen. Ein oder zwei Tage später fliegt der junge Eisvogel mit seinem kräftigsten Ruf den Strom hinauf und hinunter, um das Revier als sein Eigentum auszuweisen.

ıts: Dieser voll ▶
ısser gesogene
ʼogel ertrank bei
ıem ersten Versuch,
ın Fisch zu fangen.

Links: Dieser Eisvogel
erst vor kurzem das
ıt verlassen und zeigt
dunklen Füße und
weiße
ınabelspitze, die für
Jungen
ırakteristisch sind.

hts: Zwei Jung- ▶
ıel schlafen mit dem
ıf unter dem Flügel
ıitten des Efeus.

Mit der zweiten Brut wird oft innerhalb einer Woche nach dem Ausfliegen der ersten Brut begonnen. Meistens wird dasselbe Nestloch benutzt, vorausgesetzt es ist noch in gutem Zustand. Es ist aber auch möglich, daß ein schon einmal verworfenes Loch ausgewählt wird oder daß ein Tunnel, der am Anfang der Brutzeit begonnen wurde, fertiggestellt und für die Aufzucht der zweiten Brut benutzt wird. Wenn dasselbe Nest wieder benutzt wird, wird es gesäubert und von fast allen Fischgräten, die den Boden der Kammer bedecken, befreit. Blieb die erste Brut erfolglos, werden auch in ihm liegende Eier oder tote Junge entfernt, um Platz für das neue Gelege zu schaffen. Die Mehrzahl der Eisvögel in Europa nimmt eine zweite Brut in Angriff, auch sind dritte Bruten im Jahr nichts Ungewöhnliches. Dritte Bruten können nicht vor der zweiten Septemberhälfte ausfliegen, und es ist schwierig für sie, sich in einem Revier niederzulassen, bevor der Winter kommt.

Es wäre vielleicht sinnvoller, wenn die Altvögel 2 Wochen lang für die aufgeflogenen Jungen sorgten, anstatt eine neue Brut zu beginnen. Aber die Tatsache, daß ein Eisvogelpaar in der Lage ist, zwischen 12 und 21 Junge pro Jahr aufzuziehen, ermöglicht der Art, sich nach harten Wintern und bei großen Verlusten wieder zu erholen. Ich sprach schon zuvor von der zweiten Maihälfte des Jahres 1979, als in meinem Beobachtungsgebiet alle Flüsse überflutet waren. Fast alle Jungen waren zu diesem Zeitpunkt gut entwickelt, obwohl noch keines das Nest verlassen hatte. Ein Paar, das ich aus der Nähe beobachtete, hatte sechs Junge mit fast voll entwickeltem Federkleid und ich versuchte, diese Brut als erste zu retten. Doch als ich am Ort des Geschehens ankam, war es offensichlich zu spät, mein Versteck war fortgespült worden, und der Nesteingang lag mindestens 0,5 m unter Wasser. Ich hoffte, daß die Jungen in einer Luftblase eingeschlossen wären. Als ich jedoch das Nest freilegte, wurden sechs tote Eisvogeljunge herausgespült. Ich füllte vorsichtig das Loch, das ich gegraben hatte, mit dem Schlamm um mich herum und hoffte, daß die Altvögel am Leben waren.

So schnell, wie das Wasser gestiegen war, fiel es wieder, und 3 Tage später kehrte ich zurück und stellte fest, daß die Eisvögel das Nest gesäubert und das erste Ei gelegt hatten. Das war eine schnelle Erholung. Daher errichtete ich ein paar Tage später ein neues Versteck. Sieben Eier wurden gelegt und ausgebrütet, und die Nistzeit ging normal weiter. Eine Woche, bevor die zweite Brut bereit war, das Nest zu verlassen, sah ich, wie das Weibchen in ein falsches Loch flog. Es war ein Loch, das sehr früh begonnen und aus irgendeinem Grunde aufgegeben worden war. Es war nur 30 cm lang. Ich erwartete, daß sie sofort, nachdem sie ihren Irrtum bemerkt hätte, herauskäme. Es dauerte aber über eine Stunde, bis sie wieder erschien. Sobald sie weg war, inspizierte ich das Loch und stellte fest, daß es verlängert und ein neues Gelege angefangen worden war. Für den Rest der Woche fütterte das Männchen die zweite Brut allein weiter, während das Weibchen das dritte Gelege bebrütete. Diese wahrhaft bemerkenswerte Regeneration scheint bei Eisvögeln ziemlich häufig vorzukommen. Auch in der Literatur findet man öfter Angaben über Schachtelbruten.

Nahrung und Nahrungserwerb

MEHR als 95 % der Nahrung des Eisvogels besteht aus verschiedenen Fischarten, und die meisten Vögel essen ihr ganzes Leben lang nichts anderes als Fisch. Es sind jedoch auch Fälle bekannt geworden, bei denen der Eisvogel andere Lebewesen zu sich genommen hat. Aus meiner eigenen Beobachtung weiß ich nur von einem Männchen, das mit der Larve einer Schlankjungfer zum Nest zurückkehrte. Zu dieser Zeit fotografierte ich gerade in der unterirdischen Nestkammer. Es war fast pechschwarz, und ich hatte deshalb keine Ahnung, was ich fotografiert hatte, bis ich den Film am Abend entwickelte. das Bild zeigte deutlich, wie eine Libellenlarve mit dem Kopf zuerst einem Jungen übergeben wurde. Ich begann deshalb eine Serie von Experimenten zur Bestimmung der Nahrung, die ein Eisvogel zu sich nehmen würde: Ich stellte Teichmolche, Wasserjungfernlarven, einige Flußkrebse ebenso wie Elritzen bereit, aber der von mir beobachtete Eisvogel fing immer die Elritzen und ignorierte alles andere. Immer wenn ich die Elritzen entfernte, fraß der Vogel woanders und ich schloß daraus, daß dieses besondere Individuum ziemlich verzweifelt sein müßte, bevor es irgendetwas anderes als Fisch fressen würde. Ich habe bewußt das Wort „Individuum" benutzt, weil mir im Laufe der Jahre, in denen ich diese Vögel sehr intensiv studierte, klar geworden ist, daß jeder Eisvogel seine Vorliebe und sogar einen eigenen Charakter hat.

Dr. J. Sharrock berichtete, daß er einen Eisvogel beobachtet hatte, der über den Schilffeldern in Spanien nach Fliegen jagte. Er beobachtete auch einen Eisvogel, der sich über Sanddünen

Die junge Forelle wird für diesen ehrgeizigen Jungvogel eine riesige Mahlzeit abgeben.

herumtrieb, und nahm an, daß der Vogel darauf wartete, große Spinnen, die sich in Höhlen verstecken, zu fangen. Nach meiner Erfahrung sind Libellen und andere Insekten zur selben Zeit wie kleine Fische, die normalerweise die Nahrung des Eisvogels bilden, im Überfluß vorhanden, so daß er während der Sommermonate nach keiner Alternative zu suchen braucht. Es ist jedoch gut möglich, daß Dr. Sharrocks Eisvogel ein junger Vogel war, der es leichter fand, seinen leeren Kropf mit Fliegen zu füllen, anstatt sich ins Wasser zu werfen und zum ersten Mal einen glitschigen Fisch zu packen.

Ein einziges Mal, an einem heißen Tag im August, sah ich einen Eisvogel, der sich für fliegende Insekten interessierte. Die Luft war sehr ruhig, und die Fische schwärmten unter dem Sitzplatz des Vogels hin und her. Eintagsfliegen flogen über das Wasser auf und nieder, und eine Fliege bestand hartnäckig darauf, um den Kopf des Eisvogels zu schwirren. Mit weitgeöffnetem Schnabel schnappte der junge Vogel zwei- oder dreimal wie ein gereizter Hund nach ihr. Ob er sie zu essen beabsichtigte, vermag ich nicht zu sagen. Zweifellos wird die kleinste Bewegung — sei sie von einem Wurm, einer Maus oder einem Fisch — mit größtem Interesse beobachtet.

Welche Fischart bevorzugt nun ein so spezialisierter Esser wie der Eisvogel? Abgesehen von Größenbeschränkungen scheint jede Fischart Freiwild zu sein. Der größte Fisch, mit dem ein Eisvogel fertig werden kann, ist etwa 8 cm lang, d. h. etwa halb so lang wie der Eisvogel selbst. Immer wenn ich einen Vogel einen wirklich großen Fisch fangen sah, war ich erstaunt darüber, daß der Fisch im Kropf untergebracht werden konnte.

Es geschah sehr selten, daß ein Eisvogel einen zu großen Fisch fing. Vor einigen Jahren sah ich, wie ein noch junges Weibchen eine junge Plötze fing. Der Fisch war schwer, und als er seinen Schwanz hin- und herschlug und zappelte, schüttelte er den Kopf des Eisvogels. Der Vogel schlug den Fisch mehrmals gegen den Zweig, auf dem er saß. Das bereitete ihm große Mühe, und einmal verlor er fast das Gleichgewicht. Nachdem er das Leben ganz aus dem armen Fisch herausgeschlagen hatte, rückte ihn der Eisvogel wieder zurecht und ruhte sich ein paar Sekunden aus. Wieder wurde der Fisch auf den Zweig geschlagen, und man konnte das klatschende Geräusch über den Fluß hinweg hören, so groß war die Wucht des Schlages. Dann schob der Vogel den Fisch in seinem Schnabel hin und her, so daß dieser mit dem Kopf voran in seiner Kehle steckte, die Hälfte des Körpers und des Schwanzes hing schlaff nach unten. Der Vogel versuchte ihn zweimal zu verschlingen, manövrierte ihn mit seiner Zunge in seine Kehle hinein und aus ihr heraus. Erst nach etwa 10 Minuten gab der Vogel endlich den Kampf auf; der Fisch war unbarmherzig auf den Zweig geschlagen worden, war aber immer noch zu groß um verschlungen werden zu können. Der Vogel sah es endlich ein, ließ ihn ins Wasser fallen und sah zuerst mit einem und dann mit beiden Augen zu, wie der Fisch in der Strömung umhertrieb.

In Situationen wie diesen ist es üblich, daß ein Eisvogel den Vorfall verdrängt, indem er etwas übereifrig sein Federkleid putzt. Plötzlich wird es wichtig, die Federn unter dem Flügel zu putzen oder den Kopf mit dem Fuß zu kratzen. Diese Form der Übersprunghandlung findet sich in allen Situationen. Sie kann durch einen vorbeifliegenden Sperber oder bloß durch das Klicken des Kameraverschlusses ausgelöst werden. Ziemlich oft tritt sie nach einem aggressiven Zwischenfall mit einem anderen Eisvogel auf; dieses „falsche" Gefiederputzen hilft dem Vogel anscheinend, zu seinem normalen Verhaltensmuster zurückzufinden.

In meinem Beobachtungsgebiet sind Elritzen bei weitem die häufigsten Kleinfische, die für den Eisvogel verfügbar sind. Wenn dahintreibende Fischschwärme in den Untiefen umherziehen, scheint gelegentlich das Flußbett von ihnen bedeckt zu sein. Selbstverständlich machen sie einen sehr hohen Prozentsatz der Nahrung des Vogels aus. Die Fischbrut aller anderen Süßwasserfische, die im Fluß laichen, wird auch regelmäßig gefressen. Dies schließt Weißfische, Plötze, Döbel, Flußbarsch und Hecht ein. In den Nebenflüssen und Seitenarmen fallen die keineren und oft unbekannteren Fische wie Steinbeißer, Groppe und natürlich Stichlinge dem Eisvogel zum Opfer.

Über die Ernährungsgewohnheiten der Vögel, die in den Flußmündungen und Häfen der Küsten überwintern, ist nur sehr wenig bekannt. Die Mehrzahl der Beobachter nimmt an, daß die Nahrung der Eisvögel, die sich aus dem Salzwasser ernähren, hauptsächlich aus Krustentieren und Weichtieren besteht, während nur wenig Fisch gefressen wird. Nach eigenen Beobachtungen von Vögeln, die sich aus dem Salzwasser ernährten, erwies es sich als schwierig, zu irgendeinem eindeutigen Ergebnis über den Nahrungstyp zu kommen. Ich war nie nahe genug, um die gefangene Beute zu erkennen, bevor sie verschlungen wurde. Ich fand auch keine Fischgräten, die diese Eisvögel herausgewürgt hatten. Zwei Punkte haben mich jedoch dazu veranlaßt anzunehmen, daß der Eisvogel tatsächlich häufig Salzwasserfische fängt:

Mehrmals habe ich in einem großen Naturhafen einen Eisvogel beobachtet, der über einer bestimmten Stelle des Wassers schwebte. Der Vogel tauchte und brachte seinen Fang zu einem Baumstumpf am 20 m entfernten Ufer. Nachdem er seine Beute gefressen hatte, kehrte er wieder zum gleichen Fleck zurück und schwebte wieder über dem Wasser, bis er wieder nach Beute tauchte. Ich konnte nicht nahe genug herankommen, um zu erkennen, woraus die Nahrung bestand, also watete ich einmal zur Stelle, wo der Vogel getaucht war. Das Wasser war sehr seicht, und als ich hinausging, erkannte ich, daß ich einen riesigen Schwarm winziger, silbriger Fische vor mir hertrieb. Ich vermutete, daß sie es waren, die den Vogel in dieses Gebiet gelockt hatten. In diesem Hafen strömt warmes Wasser aus einem Elektrizitätswerk ins Meer, und ich habe im Mündungsgebiet junge Barsche und Brachsen gefangen. Der Eisvogel sucht dieses Gebiet auch auf, um vermutlich kleine Fische, die sich im warmen Wasser versammeln, zu fangen. Wenn Eisvögel an Flußmündungen nisten, die den Gezeiten ausgesetzt sind, ist es meist der dreistachlige Stichling, der als Futter zum Nest gebracht wird. Dieser Fisch kann in einer Umgebung, deren Salzgehalt ständig wechselt, leben.

Ich habe weder von einem Nest gehört, noch konnte ich eines finden, daß die Eltern mit Salzwasserfischen versorgten.

Ein Eisvogel, der sein Revier an einem Fluß errichtet hat, kennt die besten Fischgründe im Fluß und wird fast seine ganze Aufmerksamkeit auf dieses Gebiet richten. Der typische Platz, an dem sich Fische versammeln, wechselt mit den Jahreszeiten: In den Sommermonaten ziehen seichte Stellen die kleinen Fische an, in den Wintermonaten bevorzugen sie sehr ruhiges oder langsam fließendes Gewässer. Die Fische neigen auch dazu, flußaufwärts- und -abwärts mit den Jahreszeiten zu wandern. An jedem Hindernis kommt es zu einer Ansammlung von Fischen, und es kann sich ein großer Schwarm bilden. An einem kleinen Nebenfluß in meinem Beobachtungsgebiet wurde vom Wasseramt ein neues Wehr gebaut, um die Überschwemmung eines nahegelegenen Dorfes zu verhindern. Folglich wurden die Elritzen, die traditionsgemäß, wenn die Tage allmählich länger wurden, ihren Weg flußaufwärts nahmen, von diesem unnatürlichen Hindernis aufgehalten. Für die Fische gab es keine Möglichkeit, weiter flußaufwärts zu gelangen, weil das Wehr aus zwei Stufen von jeweils 0,5 m Höhe bestand. Die Fische versuchten es immer wieder vergeblich, über das Wehr hinwegzuspringen. Oberhalb des künstlichen Hindernisses enthielt der Fluß fast keine Fische mehr, die dem Bedürfnis des Eisvogels entsprochen hätten, folglich wurde jenes Revier verlassen. Die große Fischmenge, die sich unterhalb der Stufen angesammelt hatte, bildete eine ideale Eisvogelkost, und es gab nur wenige Tage im Jahr, an denen es nicht zu einer reichen Mahlzeit kam.

Ein Eisvogel, der ergiebige und traditionelle Fangplätze besitzt, ist trotzdem erstaunlich flexibel bei der Suche nach leicht zu fangenden Fischen. Dies stellte ich mehrmals fest, als ich ein großes Becken mit Fischen in den Fluß oder Bach stellte. Jedesmal stellte ich innerhalb 24 Stunden fest, daß das Becken von einem Eisvogel besucht und leergefischt worden war, obwohl an vielen nicht weit entfernten Plätzen gute Fischgründe waren. Daran läßt sich das ausgezeichnete Sehvermögen des Vogels veranschaulichen, denn er kann sogar einen Fisch im Fluß erspähen, wenn er mit voller Geschwindigkeit ein paar Meter über dem Wasser fliegt. Ich sah, wie ein Vogel schnell flußabwärts flog, sich plötzlich umdrehte, ins Wasser stürzte und wieder mit einem zappelnden Fisch, den er im vollen Flug erspäht hatte, auftauchte. Das ist recht bemerkenswert, wenn man bedenkt, wie schwierig es ist, in fließendes und reflektierendes Wasser zu schauen, den Brechungswinkel und die Größe der Fische abzuschätzen.

Aufgrund seiner Nahrungsgewohnheiten hat der Eisvogel mehr Zeit, sein ganzes Revier völlig auszukundschaften, als zum Beispiel ein insektenfressender Vogel, der einen großen Teil des Tages für das Suchen und zum Fressen von vielen hundert Insekten zubringt. Der Eisvogel braucht wegen der Größe der Fische, die er fängt, nur etwa siebzehn große Elritzen pro Tag zu fangen. Vorausgesetzt, daß Fische nicht zu schwer zu finden sind, kann er die Zeit damit verbringen, die Bewegungen der Fischschwärme zu beobachten oder nach besseren Fischfanggebieten Ausschau zu halten. Diese gründliche Kenntnis seines Reviers ist von großem Wert, weil die Jahreszeiten wechseln und der Fluß steigt und fällt. Der Fluß verändert sich ständig, wie ihnen jeder begeisterte Angler erzählen wird. Es ist aber unmöglich zu erklären, wie groß die Veränderungen sogar Tag für Tag sind; es sei denn, man ist genötigt in einem kleinen Gebiet an Flüssen und Bächen kleine Fische in großen Mengen zu fangen.

Der kleine Bach, der in den Herbstmonaten große Mengen von Stichlingen enthält,kann sich innerhalb weniger Monate verändern. Ein kleiner Ast kann zum Beispiel von einem überhängenden Baum in den Fluß hinabfallen, und schon stauen sich sehr schnell Herbstblätter hinter dem Hindernis. Innerhalb weniger Tage können einige Dutzend Stichlinge die Blätter als Versteck benutzen und den Eisvogel mit einem regelmäßigen Fischvorrat versorgen. Ein plötzlicher Regensturm — der Zweig wird losgerissen, die Blätter werden fortgespült, mit ihnen die Fische, und der Eisvogel kehrt an eine leere Flußstrecke zurück.

Der Eisvogel ist ein besonders aktiver Vogel, wenn er auf eine Mahlzeit erpicht ist, ganz anders als der Reiher, der über lange Zeit geduldig und reglos im Wasser stehen kann. Hin und wieder habe ich gelesen, daß die Fangmethode des Eisvogels aus langem geduldigen Warten und nur gelegentlichem Drehen des Kopfes besteht. Dies trifft aber bei den vielen Eisvögeln, die ich beobachtet habe, sicherlich nicht zu, sondern ist eher die Beschreibung eines Vogels mit einem schon gefüllten Kropf.

Kommt ein Vogel bei einem Fischplatz an, wird er nach einigen charakteristischen tänzelnden Bewegungen sofort nach unten ins Wasser schauen. Wenn Fische vorhanden sind, taucht ein junger, unerfahrener Vogel nicht selten sofort und trifft möglicherweise daneben, ein reiferer Vogel wird jedoch warten. Der erfahrene Eisvogel beobachtet aufgeregt den Fisch im Wasser und fliegt vielleicht einen Meter weiter zu einem besseren Zweig. Die Fische verfolgt er ununterbrochen, was durch die Bewegungen des langen schwarzen Schnabels, die kleinen ruckartigen Bewegungen des Kopfes und Hin- und Herhüpfen auf dem Zweig sichtbar wird. Der Vogel spannt sich häufig an, bereit zu tauchen und scheint sich dann anders zu besinnen. Er scheint auf den größten Fisch, mit dem er fertig werden kann, zu warten und daß der Fisch sich in eine günstige Position begibt, d. h. in die oberen 20 cm des Wassers. Wenn er sich für einen Fisch entschieden und den richtigen Zeitpunkt bestimmt hat, spannt der Vogel für ein Bruchteil einer Sekunde seinen Körper an und schießt ins Wasser.

Unter Wasser trägt der Schwung beim Eintauchen den Vogel bis zur erforderlichen Tiefe hinunter. Der Fisch wird mit dem schon geöffneten Schnabel gepackt, fast fliegend erreicht er wieder die Wasseroberfläche, unterstützt durch seinen natürlichen Auftrieb. Der anstrengendste Teil beginnt, wenn der Vogel versucht, die Wasseroberfläche mit dem hochgehaltenen Fisch zu verlassen. Das eng seinen Körper umschließende Wasser wird mit einem abwärts gerichteten Flügelschlag zurückgelassen, und der Eisvogel kämpft sich seinen Weg zum Zweig zurück, wo der Fisch erledigt wird. Meistens tötet oder betäubt der Eisvogel den Fisch mit kleinen Schlägen des Kopfes auf den Zweig. Der tote Fisch wird so lange im Schnabel hin und herbewegt — nicht in die Luft geschleudert, wie behauptet worden ist —, bis er mit dem Kopf voran im Schnabel liegt und dann sehr schnell verschlungen wird. Nach ein paar Sekunden schüttelt der Eisvogel in typischer Weise sehr kräftig seinen Kopf, als ob er den Fisch in seinen Kropf einpassen wolle. Entweder nimmt der Eisvogel die Jagd nach Fischen sofort wieder auf oder er ruht sich zufrieden einige Minuten aus.

Der Tauchvorgang ist zu schnell, um mit dem Auge verfolgt werden zu können. Man kann aber sehr viel mehr erfahren, wenn man den Ablauf mit den Mitteln der Fotografie „einfriert", wie wir auf den Abbildungen sehen.

Normalerweise fischt der Eisvogel nur von einem ziemlich sicheren Ast aus. Ein kräftiger, aus dem Wasser ragender Baumstumpf oder Zaunpfahl ist ideal. Dünne oder schwingende Zweige werden meist gemieden, besonders wenn er mit einem Fisch aus dem Wasser zurückkehrt. Es ist für den Eisvogel leichter, mit einem glitschigen, zappelnden Fisch fertigzuwerden, wenn er auf einem festen Zweig sitzt. Er braucht auch einen harten Gegenstand, auf dem er den Fisch erschlagen kann. Es ist durchaus üblich, daß ein Vogel zu dem Zweig zurückkehrt, von dem aus er getaucht ist.

Ich wollte wissen, ob es der Eisvogel vorzieht, aus einer besonderen Höhe oder in einem bestimmten Winkel ins Wasser zu tauchen. Unter diesem Gesichtspunkt führte ich einige Experimente durch. Ich errichtete im Bach einen künstlichen Teich, der mehrere hundert Fische enthielt, die in einer Wassertiefe von 2 cm bis 22 cm schwimmen konnten. Ein komplizierter Aufbau von Zweigen ermöglichte es dem Eisvogel, in fast jedem Winkel und aus einer ganzen Reihe von Höhen (bis zu 3 m) ins Wasser einzutauchen. Ich verzeichnete mehr als fünfzig Tauchvorgänge auf einer vorbereiteten Tabelle. Die Ergebnisse zeigten, daß — innerhalb der Grenzen des Experimentes — ein Eisvogel aus jeder Höhe und in jedem Winkel in Tiefen zwischen 2 und 22 cm taucht. Allerdings wurde deutlich, daß der Eisvogel zuerst hochflog, um vor dem Eintauchen an Höhe zu gewinnen, wenn er von einem niedrigen

nseitig: Ein sich
längelnder Waldbach
tet dem Eisvogel ein
ales Fischfanggebiet.
n hungriges Männchen
ebenbild) untersucht das
asser unter sich nach
chen

Zweig aus einen Fisch tief im Wasser fangen wollte.
Je tiefer er tauchen mußte, um so senkrechter wurde der Eintrittswinkel. Dies wurde aber meistens im Flug erreicht und nicht durch die Wahl eines bestimmten Zweiges.

An einer Flußstrecke, wo es keine günstigen Sitzplätze gibt, häufig auch an Naturhäfen und Meeresarmen beobachtet der Vogel das Wasser, während er rüttelt. Es ist faszinierend, einen Eisvogel zu beobachten, der mitten in der Luft vollkommen still steht und nur durch seine schnell schlagenden Flügel unterstützt wird. Diese Bewegung wird als „Rütteln" bezeichnet, obwohl streng genommen Kolibris die einzigen Vögel sind, die wirklich auf der Stelle fliegen können, weil sie ihre Position in völliger Windstille beibehalten. Das erreichen sie durch besonders angepaßte Schultergelenke, die die Flügel befähigen, sich fast in jedem Winkel zu neigen. Der Eisvogel braucht ebenso wie der Turmfalke wenigstens einen leichten Wind, gegen den er anfliegen kann. Fliegt er gegen den Wind, kann er seine Flügel nach vorn neigen und so seinen Anstellwinkel vergrößern. Das verringert seine Fluggeschwindigkeit, bis sie der Windgeschwindigkeit entspricht, so daß seine Geschwindigkeit über Grund gleich Null und der Eindruck des Stehens erweckt wird. Es bereitet Vergnügen zuzusehen, wie ein Eisvogel, ohne voranzukommen, in einem leichten Wind fliegt und seine Position 15 Sekunden oder länger halten kann. Er sieht dann wie ein flimmernder blauer Fleck aus.

Kommt ein Eisvogel an einen Fangplatz, an dem nicht ziemlich schnell ein Fisch erscheint, gibt er auf und sucht woanders nach einer Mahlzeit. Gelegentlich wird er jedoch ein „Scheintauchen" veranstalten, d. h. daß er zum Tauchen ansetzt und mit einem Bauchklatscher auf die Wasseroberfläche platscht. Dadurch stört er die Fische auf, die unter Wasserpflanzen versteckt sind, und während der Suche nach einem neuen Versteck, kann der Eisvogel einen von ihnen fangen.

Eisvögel zeigen eine Vorliebe für bestimmte Fischarten. Die Groppe ist schon immer ein Lieblingsfisch aller Eisvögel gewesen, die ich beobachtet habe. Durch die Benutzung von Groppen konnte ich den Eisvogel veranlassen, nicht nur in größere Tiefen zu tauchen, sondern auch in Aquarien. Dadurch läßt sich die Vorliebe des Vogels für diesen unscheinbaren, kleinen Fisch erkennen. Nachdem er die Beute ausgewählt hat, muß der Vogel den Tauchvorgang genau abschätzen. Deshalb wartet er wohl auch, bis der Fisch ein bißchen näher an die Wasseroberfläche kommt. Eisvögel tauchen selten tiefer als 20 bis 25 cm, üblich ist sogar eine geringere Tiefe. Als ich den Eisvogel unter Wasser fotografierte, gelang es mir, ihn dazu zu bringen, in eine Tiefe von 30-35 cm zu tauchen. In dieser Tiefe war die Prozentzahl von erfolgreichen Fängen sehr gering, weil der Vogel vermutlich Schwung und Geschwindigkeit unter Wasser verlor. Ein Eisvogel ist durchaus dazu in der Lage, die Bewegung eines Fisches einzukalkulieren, dennoch scheint es in den meisten Fällen so zu sein, daß der Eisvogel darauf wartet, bis seine Beute zum Stillstand kommt.

Wenn sich der Eisvogel anschickt, von einem Zweig aus nach einem Fisch zu tauchen, spannt sich sein ganzer Körper an. Ist die Beute immer noch an der richtigen Stelle, taucht er wie ein leuchtendes, blaues Geschoß. All die Fangvorgänge, die ich bislang erörtert habe, finden innerhalb weniger Sekunden statt, aber nichts scheint so schnell zu gehen wie das Eintauchen und der Fangvorgang unter Wasser. Ich filmte mit einer Geschwindigkeit von 36 Bildern in der Sekunde einen Eisvogel, der aus einer Höhe von einem Meter 12 cm tief ins Wasser tauchte. Auf dem daraus entstandenen Filmstück umfaßte der Vorgang vom Zweig aus und zurück 42 Bilder. Folglich war der Vogel in 1,16 Sekunden unten im Wasser und mit dem Fisch im Schnabel wieder auf dem Zweig zurück. Fast zwei Drittel der Zeit wurde für das Verlassen des Wassers und für den Rückflug zum Zweig beansprucht. Die übrige Zeit war zwischen dem Eintauchen und dem Bruchteil einer Sekunde, in der der Vogel unter Wasser verschwand, aufgeteilt. Abhängig vom Standort des Fisches neigt sich der Eisvogel entweder vorwärts und taucht, oder er springt hoch in die Luft, bevor er ins Wasser stürzt. Fotografie und Zeitlupenaufnahme zeigen, daß der Eisvogel nicht nach seiner Beute herabfällt, sondern seine Flügel gebraucht, um sein Ziel zu erreichen. Er schließt sie erst im letzten Moment. Sogar bei dieser Geschwindigkeit nimmt der Vogel noch Richtungskorrekturen vor, indem er seine Bahn mitten im Flug ändert. Es ist wichtig, daß die Richtung des Eisvogels genau stimmt, bevor er das Wasser berührt, weil er kurz vor dem Eintauchen seinen Schnabel öffnet und die Augen schließt. Über den Taucherfolg ist schon entschieden, bevor der Vogel die Wasseroberfläche durchbricht, weil er den Fisch und die erforderliche Tiefe schon abgeschätzt hat. Alle Fotografien, die ich vom tauchenden Eisvogel gemacht habe, zeigen ihn mit geöffnetem Schnabel. Der Eisvogel muß seine Kehle gut genug schließen können, um zu verhindern, daß beim Auftreffen auf die Wasseroberfläche Wasser eindringt. Die blaue Nickhaut

chdem er seine Beute gewählt hat, streckt der Eisvogel zur bereitung auf den chvorgang.

schließt sich über dem Auge, wenn der Vogel ins Wasser eindringt, so daß er unter Wasser tatsächlich blind den Fisch fängt.

Der Eisvogel hat zwei verschiedene, von der Tiefe des Fisches abhängige Methoden, ins Wasser einzutauchen. Bei einer Tauchtiefe von mehr als 20 cm muß der Vogel versuchen, so weit wie möglich nach unten zu gelangen. Pfeilähnlich wird der Eisvogel ins Wasser eindringen. Seine Flügel faltet er im letzten Augenblick auf dem Rücken zusammen und streckt seinen Hals aus, um den Fisch zu erlangen. Wenn er erst einmal unter Wasser ist, kann der Eisvogel nicht nach dem Fisch oder nach unten schwimmen. Es ist also nur der Schwung beim Eintauchen, der ihn nach unten trägt. Unter Wasser schnappt der Eisvogel einfach nach der Stelle, an der er den Fisch vermutet. Er spießt den Fisch nicht auf, sondern fängt ihn geschickt mit dem Schnabel. Wer jemals versucht hat, mit zwei Fingern oder sogar mit einer Pinzette einen Fisch aus dem Wasser zu fischen, der wird wissen, wie schnell und unglaublich schlüpfrig ein Fisch sein kann. Der Eisvogel kann mit seinem Schnabel einen beachtlichen Druck ausüben, so daß ein einmal gefangener Fisch mit einem kräftigen Griff gehalten wird. Wenn der Fisch weggeschwommen ist oder die Richtung nicht genau abgeschätzt worden ist, passiert es, daß ein Eisvogel einen Stein oder ein Blatt vom Flußbett mitbringt. Der Stein wird meistens losgelassen, bevor der Vogel die Wasseroberfläche wieder erreicht, trotzdem habe ich mehr als einmal einen verwirrten Jungvogel mit einem Stein im Schnabel zum Zweig zurückkehren sehen. Der Stein wurde wieder ins Wasser fallengelassen, und nach einigen Übersprunghandlungen (d. h. einem schnellen Putzen der Brustfedern) tauchte er nach dem nächsten Fisch.

t kräftigen gelschlägen taucht r Eisvogel ch seinem Ziel.

Um herauszufinden, wie der Vogel in der Lage ist, in nur wenige Zentimeter tiefes Wasser zu tauchen, ohne mit einem „karikaturähnlich" zerdrücktem Schnabel aufzutauchen, schuf ich folgende Situation: in einem flachen Naturteich schwammen viele Fische umher. Ich fotografierte, wie die Vögel in den Teich hineintauchten. Die Ergebnisse zeigten, daß der Tauchvorgang wie immer verlief, bis der Vogel sich dicht über der Wasseroberfläche befand. Anstatt nun die Flügel zu schließen und kopfüber einzutauchen, ließ der Vogel seine Flügel halbgeöffnet. Dann traf er auf das Wasser und fing den Schwung mit seiner Brust und seinen ausgebreiteten Flügeln auf. Weil er den Kopf zurückhielt, reichte der lange Schnabel gerade bis vor die Brust, als der Fisch gefangen wurde. Bei diesem ziemlich dilettantischen Bauchklatscher spritzt es meist mehr als sonst, jedoch ist der Vogel genauso erfolgreich, obwohl er nicht richtig eintaucht. Noch einmal kämpft er sich mit einem Flügelschlag aus dem Wasser und hinterläßt einen Guß von Wassertröpfchen.

Sobald der Eisvogel den Fisch fest im Schnabel hält, kehrt er an die Wasseroberfläche zurück, hauptsächlich mit Hilfe seiner eigenen Antriebskraft und der Luft, die in den Federn eingelagert ist. Bei Unterwasseraufnahmen erscheint die Luft in den Federn als ein Strom von Luftblasen, die an die Wasseroberfläche aufsteigen. Um wieder so schnell wie möglich an die Wasseroberfläche zu kommen, macht der Eisvogel einige kurze und ziemlich kümmerliche Flügelschläge, die den Eindruck erwecken, als fliege er unter Wasser. Er verläßt nach einem tiefen Tauchvorgang das Wasser mit dem Kopf zuerst und schlägt genau im richtigen Moment mit den Flügeln, so daß ihn ein kräftiger Flügelschlag nach unten von der Wasseroberfläche abhebt. Meistens kann sich der Eisvogel beim ersten Versuch von der Wasseroberfläche lösen, manchmal jedoch muß er es ein zweites oder drittes Mal versuchen.

Der Winkel, in dem er vom Wasser aus auf einen Ast fliegt, kann sehr steil sein. Ich habe einen Eisvogel fast senkrecht fliegen sehen.

Sogar wenn er ganz untergetaucht war, sieht ein Altvogel bei der Rückkehr zum Ast völlig trocken aus. Dies ist bei jungen Vögeln noch nicht der Fall. Jedes Jahr geht eine große Anzahl von Jungvögeln durch Ertrinken oder Entkräftung zugrunde, weil sie vom Wasser durchtränkt wurden. Kommt ein Jungvogel beim ersten Versuch nicht aus dem Wasser heraus, sehen seine Federn, sobald er sich von der Wasseroberfläche losgerissen hat, schon etwas feucht aus. Weil er jung und unerfahren ist, wartet er nicht und putzt seine Federn trocken, bevor er versucht, den nächsten Fisch zu fangen. Folglich kann weniger Luft in die Federn eindringen, und es kommt zu einem Verlust von Auftriebskraft, so daß er nicht so gut aus dem Wasser kommt. Wenn er das nächste Mal taucht, muß er kämpfen, um aus dem Wasser freizukommen und wird dabei nur noch nasser. Der nächste Tauchvorgang könnte sein letzter sein, es sei denn, der völlig durchnäßte Vogel schafft es noch einmal, zum Ufer zu flattern und sich aus dem Fluß zu schleppen. Ein stark unterkühlter Eisvogel könnte möglicherweise bei freundlichem Wetter wieder trocknen, würde aber höchstwahrscheinlich innnerhalb von ein oder zwei Stunden sterben. Unglücklicherweise sind Jungvögel nicht so klug, sich trocknen zu lassen, bevor sie wieder tauchen. Sind sie erst einmal naß geworden, dauert es mehrere Stunden, bis sie wieder völlig trocken sind. Nach meiner Einschätzung sterben pro Jahr mehr als 30 % junger Eisvögel auf diese Weise.

An einem ziemlich düsteren Abend Mitte August kam ein junger Eisvogel am Fischteich vor meinem Versteck an. Der Vogel war durch die riesige Fischmenge, die unter ihm schwärmte, sehr aufgeregt, und ich beobachtete, wie er in den Teich tauchte. Er versuchte, drei- oder viermal schnell hintereinander einen Fisch zu fangen; sein Problem war anscheinend, daß er einfach mitten in den Schwarm anstatt nach einem einzelnen Fisch tauchte. Für einen Jungvogel ist dieses impulsive Verhalten typisch. Um erfolgreich zu sein, hätte er präziser bei seinem Angriff vorgehen müssen. Der junge Eisvogel sah schon sehr müde und etwas feucht aus, aber die Fische waren noch immer da, und er wollte nicht aufgeben. Jedesmal bereitete es ihm größere Mühe, aus dem anhaftenden Wasser herauszukommen. Schließlich fing er einen kleinen Stichling und fraß ihn auf einem Baumstumpf etwa 5 cm über dem Wasser.

Der Eisvogel war mittlerweile wirklich naß, und seine schöne Färbung war verschwunden; tatsächlich war er fast schwarz geworden, so naß war er. Ich beobachtete, wie er über 20 Minuten auf der Holzplanke saß: Er saß reglos und begann sichtlich vor Kälte zu frösteln. Der Abend neigte sich, und es fiel ein leichter Sprühregen. Bald mußte ich eine Entscheidung treffen, da das arme Geschöpf immer noch genauso naß aussah, wie vor 20 Minuten. Er hätte zweifellos in diesem Zustand nicht die Nacht überlebt, und ich bezweifelte, ob er in der Lage gewesen wäre, zu einem trockenen Schlafplatz zu fliegen. Als ich an der Rückseite des Verstecks herauskroch, fragte ich mich, wie ich ihn am besten fangen könnte. Es stellte sich heraus, daß ich ihn einfach packen konnte, weil er nur einen schwachen Versuch machte zu entkommen. Innerhalb einer Stunde hatte ich ihn am Feuer getrocknet und kehrte mit ihm zum Fluß zurück.

Eine große Anzahl von „geretteten" Vögeln stirbt aber leider an einem Schock; deshalb schien es mir wichtig zu sein, den Eisvogel an einen sicheren Platz am Fluß zu bringen, anstatt ihn die ganze Nacht zu Hause zu behalten. Es war mittlerweile fast stockdunkel, also setzte ich den Eisvogel auf einen passenden Zweig im Versteck und ließ die Tür offen.

Indem er seine Schwanzfedern fächerförmig ausbreit nimmt der Eisvogel i letzter Minute noch Richtungskorrekturen vor.

Der Eisvogel taucht m dem Kopf zuerst ins Wasser.

:t geöffnetem Schnabel
:rd der Eisvogel von
:inem eigenen
:hwung nach unten
:tragen und greift nach
:m Fisch. Unter Wasser
:eiben die Augen
:schlossen.

:it dem Fisch fest im
:hnabel macht er sich
:ereit, an die
:Vasseroberfläche
:urückzukehren.

Gegen Mitternacht lief ich über die Felder zurück zum Versteck. Im schwachen Fackelschein konnte ich ihn mit dem Kopf unter dem Flügel schlafen sehen. Es war eine sonderbare Umkehr, daß ich den Vogel im Versteck hatte und selbst hineinspähte. Aber das Versteck sorgte für Schutz vor dem Wind, was für den Vogel so dringend nötig war. Früh am nächsten Morgen war er fort, und neben dem Teich befanden sich nasse Fußspuren eines Eisvogels, der einen Fisch gefangen hatte. Dieser Vogel mag überlebt haben, aber viele überleben nicht.

Die Anzahl der Tauchversuche, die ein junger Eisvogel unternimmt, bevor er einen Fisch fängt, schwankt erheblich. Er macht vielleicht zehn Versuche oder mehr, bis er Erfolg hat, aber es dauert nicht lange, bis die Erfolgsquote steigt. Darüber Genaues zu sagen, ist schwierig, weil die meisten meiner gründlichen Beobachtungen nur an Eisvögeln gemacht wurden, die in einen gefüllten Fischteich tauchten. Meine Aufzeichnungen zeigen, daß ein erwachsener Vogel bei fünf Tauchvorgängen nur einmal danebentrifft, obgleich das von der vorhandenen Deckung für Fische und von der Wassertiefe abhängt.

Ist der Eisvogel mit seiner Beute im Schnabel zum Ast oder Baumstamm zurückgekehrt, beginnt er sie zu töten und zu verschlingen. Der Fisch wird sehr schnell und geschickt im Schnabel bewegt, bis er ihn gerade oberhalb des Schwanzes festhält. Mit einem seitlichen Schlag des Kopfes stößt der Eisvogel den Kopf des Fisches auf den Zweig. Ein Fisch kann mehrmals auf diese Weise behandelt werden, bevor er im Schnabel gedreht wird und mit dem Kopf voran in der Kehle liegt. Das garantiert beim Verschlingen des Fisches, daß die Flossen flach an der Seite liegen. Mit drei oder vier schnellen Schluckbewegungen wird der Fisch verschlungen. Einmal sah ich, wie ein Eisvogel dasaß, dem mehrere Minuten ein Fischschwanz aus dem Schnabel hing, bevor er den Fisch gänzlich verschlang. Es hängt sehr von der Fischart ab, ob der Vogel Zeit daran verschwendet, den Fisch völlig zu töten oder nicht. Eine Elritze wird nur ein- oder zweimal geschlagen, bis sie noch zappelnd verschlungen wird. Stichlinge oder Flußbarsche haben Stacheln am Rücken, die zum Schutz aufgestellt sind und, sobald sie gefangen werden, hart und unbeweglich werden. Der Eisvogel vergewissert sich genau, ob diese Fische tot sind, bevor er sie frißt, denn nur dann liegen die Stacheln flach an, und der Fisch kann verschlungen werden. Wird ein Fisch mit Stacheln zu früh verschlungen, würgt der Eisvogel ihn wieder aus und schlägt ihn nochmals, um sicherzugehen, daß die Stacheln flach werden. Viele junge Vögel machen den Fehler, Stichlinge zu früh zu verschlingen. Die Groppe, die die Lieblingsmahlzeit des Eisvogels zu sein scheint, hat ihre eigene Methode der Verteidigung. Sie besitzt große Stacheln, die auf beiden Seiten abstehen und den Eisvogel daran hindern, ihn leicht zu verschlingen. Kräftiges Schlagen flacht die Stacheln jedoch bald ab, und der Fisch kann mit dem Kopf zuerst verschlungen werden.

Mitte Januar setzte ich sehr große Fische in einen kleinen Teich: eine Elritze, einen Steinbeißer und eine Groppe. Ich dachte wirklich, daß die Groppe viel zu groß wäre, aber sobald der Eisvogel ankam, tauchte er und holte sie heraus. Mit großer Anstrengung wurde der Fisch dreißigmal auf den Baumstamm geschlagen, bevor der Eisvogel auch nur den Versuch machte, ihn zu verschlingen. Der Fisch wurde verschlungen und zehnmal wieder ausgewürgt und weiter geschlagen. Nach siebenundachtzig Schlägen auf den Baumstamm und 13 Minuten Anstrengung wurde die Groppe endgültig gefressen. Der Eisvogel ruhte sich dann 25 Minuten lang aus, ehe er die Elritze fing.

Gelegentlich kann der Eisvogel nicht widerstehen, einen Fisch zuviel zu fangen. Obwohl sein Kropf gefüllt ist, will er immer noch einen fangen. Ich habe dies mehrere Male beobachtet, und zuerst verwirrte mich das Verhalten des Vogels. Anstatt den Fisch zu drehen und mit dem Kopf zuerst zu verschlingen, drehte der Eisvogel den Fischkopf nach außen. Der Vogel saß dann vielleicht 20 Minuten lang mit dem Fisch im Schnabel da. Dann entschied er sich plötzlich, den Fisch zu verschlingen und drehte ihn richtig herum; der Fisch verschwand, gefolgt von dem gewohnten Schütteln und Aufplustern der Federn, um die Nahrung in seinem Kropf zurechtzurücken.

Genaue Zahlen über die Fischmenge, die ein Eisvogel pro Tag frißt, sind schwer zu ermitteln. Die Vögel, die ich in Gefangenschaft gefüttert habe, waren nicht erwachsen und mußten keine Energie verschwenden, um nach Nahrung zu suchen. Ihre Bedürfnisse weichen deshalb von denen eines in Freiheit lebenden Vogels ab. Gelegentlich war ich jedoch ziemlich sicher, daß sich ein ortsansässiger Eisvogel fast ausschließlich aus meinem Fischteich ernährte. Damals tat ich jeden Tag die gleiche Anzahl von Fischen in den Teich, so daß ich, als ich am nächsten Tag zur gleichen Zeit die übriggebliebenen Fische zählte, eine Vorstellung vom Appetit des Eisvogels bekam. Nach einem Zeitraum von 11 Tagen hatte

Mit noch immer geschlossenen Augen kämpft sich der Eisvc aus dem Wasser frei.

Ist er aus dem Wasser heraus, steigt er mit schnellen Flügelschläg auf und hinterläßt ein Schweif von Wassertropfen.

Mit größtmöglichem Schub kehrt der Eisvo mit seiner Beute zum Zweig zurück.

r Eisvogel macht sich
ran, die gefangene
oppe auf den Ast zu
ılagen.

e Groppe wird so
dreht, daß sie mit dem
pf voran vor der Kehle
s Eisvogels liegt, bevor
verschlungen wird.

er halbverschlungene
sch verschwindet nach
ner weiteren
hluckbewegung.

der Eisvogel 196 große Elritzen aus dem Teich fortgefangen; das ist ein Durchschnitt von 17,8 Elritzen pro Tag. Das niedrigste Ergebnis waren nur 13 Elritzen und das höchste 21. Es war interessant festzustellen, daß die niedrige Zahl an einem bewölkten Tag, an dem es sehr früh dunkel wurde (der Versuch wurde im Januar durchgeführt), zu verzeichnen war, die hohe Zahl an einem klaren, heiteren Tag. Diese Entwicklung setzte sich fort, als die Tage länger wurden, und ich kann mir vorstellen, daß die Durchschnittsmenge der Fische pro Tag auf 20 oder mehr angestiegen wäre, wenn ich den Versuch hätte fortführen können.

Etwa Anfang März bilden sich die Paare, und der Appetit der Vögel erreicht während der Balz ihren Höhepunkt. Dadurch, daß ich eine Probe der Fische, die ich dem Eisvogel angeboten hatte, fing und abwog, bekam ich eine brauchbare Vorstellung von seinem Appetit und seinen Bedürfnissen. Die Elritzen erreichten durchschnittlich eine Länge von 67 mm und wogen etwa 2,56 g. Da der Eisvogel 17,8 Elritzen pro Tag aß, betrug das Gesamtgewicht der verzehrten Fische 45,57 g pro Tag. Das ist etwa das 1,2-fache des Körpergewichts des Vogels. (Ich schätze das Gewicht des Vogels auf ca. 38 g). Anscheinend muß der Eisvogel jeden Tag eine Menge, die seinem Körpergewicht entspricht, fressen, um in Form zu bleiben, und etwas mehr, um sie zu verbessern. Wenn die Brutzeit voll in Gang kommt, schätze ich, daß ein weiblicher Eisvogel pro Tag mehr als das Doppelte seines Eigengewichtes an Fisch zu sich nehmen muß, um für das Eierlegen gut in Form zu sein.

Bei den Gelegenheiten, zu denen der Eisvogel einen leicht zu fangenden und reichlichen Fischvorrat gehabt hat, entwickelt sich eine gewisse Routine. Der Vogel kommt anscheinend bei Sonnenaufgang zu seiner ersten Mahlzeit beim Fangplatz an. (Ich konnte nie feststellen, daß der Eisvogel ein Frühaufsteher ist). Zwei oder drei Fische werden gefangen und einer nach dem anderen verschlungen. Danach ruht sich der Vogel etwa 20 Minuten lang aus. Ein weiterer Fisch wird gefangen, und der Eisvogel fliegt zur Besichtigung des Revieres weg. Etwa $2\,^1/_2$ Stunden später wird er für den Fang von drei oder vier weiteren Fischen zurückkehren.

Beim Fischen kann der Vogel durch Zufall den Fisch aufspießen, anstatt ihn säuberlich mit dem Schnabel zu packen. Ich habe zugesehen, wie das mehrmals passierte; meist ist es der Unterschnabel, der den Fisch aufspießt. Nachdem der Fisch getötet wurde, kann ihn der verwirrte Vogel nicht im Schnabel drehen, und so wird der Fisch nach mehreren Drehversuchen vom Schnabel entfernt und fällt meistens ins Wasser zurück. Sehr selten werden zufällig zwei Fische zugleich gefangen. Beide Fische werden überwältigt, der nächstliegende gedreht und verschlungen. Dabei fällt der andere Fisch wieder ins Wasser. Manchmal taucht der Eisvogel und holt sich einen fallengelassenen Fisch zurück, aber meistens wird er nicht mehr beachtet. Abgesehen von meinen von Hand aufgezogenen Vögeln hat meines Wissens noch nie ein Eisvogel einen toten Fisch aus dem Wasser geholt. Es gibt jedoch einen Bericht über einen Eisvogel, der Fischstückchen fraß, die für ihn in einem sehr kalten Winter auf einem Teller bereitgestellt worden waren.

Sterblichkeit

DER Eisvogel scheint bemüht zu sein, jedes Jahr so viele Junge wie möglich aufzuziehen. Das ist auch notwendig, um die hohe Sterblichkeit, sowohl der Alt- als auch der Jungvögel, zu kompensieren. Berücksichtigt man die Bruten, die fehlschlagen und das geringe Vorkommen von zweiten Bruten im nördlichen Teil des Verbreitungsgebietes, überleben jährlich durchschnittlich 6,5 Junge pro Paar, die das Nest verlassen. Eine große Anzahl dieser jungen Vögel stirbt innerhalb der ersten paar Wochen, nachdem sie das Nest verlassen haben. Das ist eine Folge der Gefahren, die ihnen zustoßen können, wenn sie lernen Fische zu fangen. Bis zur nächsten Brutsaison, in der die Jungen ihre erste Brut anfangen, wird nur noch ein Viertel von ihnen am Leben sein. Dies wurde auf der Grundlage der Angaben, die bei der Beringung von Nestlingen und bei der Aufzeichnung des Alters und der Anzahl tot aufgefundener Vögel ermittelt wurden, berechnet. Bei 16 von 21 wiedergefundenen waren die Vögel unter 1 Jahr alt, 4 waren 2 Jahre alt, und nur 1 Vogel überlebte bis zum dritten Jahr. Beringungsergebnisse zeigen auch, daß etwa 76 % der Altvögel pro Jahr sterben. Das ist eine hohe Zahl, die kompensiert werden muß, bevor die Eisvogelbevölkerung anwachsen kann.

Wenn man eine Population von 100 Vögeln als Grundlage ansetzt, wären nach einem Jahr noch 24 am Leben. Während dieses Jahres hätten sie jedoch 50 Paare gebildet, die einen Durchschnitt von 6,5 Jungen pro Paar hervorbrächten. Diese 325 jungen Eisvögel erlitten Verluste von 75 %, so daß etwa 80 Jungvögel übrigblieben, um die Art zu erhalten. Die 80 Jungen und die 24 überlebenden Altvögel werden die Brutpopulation der nächsten Brutzeit bilden, also wird eine Gesamtzahl von 104 Vögeln die Ausgangspopulation von 100 ersetzen. Die Zahlen, die ich hier vorgelegt habe, sind Durchschnittswerte, und es

Winter fordern Eis
d Schnee ihren Tribut
n der
vogelpopulation.

besteht kein Zweifel, daß Eisvögel ihre Anzahl sehr viel schneller als hier angedeutet erhöhen können.

Es ist festgestellt worden, daß nach strengen Wintern, die die Population stark reduziert haben, in den folgenden Jahren eine ziemlich schnelle Erholung verzeichnet werden konnte.

Der jahreszeitliche Verlauf der Sterblichkeit läßt sich mit dem Alter des Vogels und der Todesursache in Beziehung setzen. Bei Todesfällen im ersten Jahr wurden 55 % aller Vögel im August, September und Oktober gefunden, wobei 23,5 % auf den August entfallen. Dies korrespondiert mit den Jungen, die das Nest verlassen. Deshalb ist diese hohe Zahl nicht unerwartet. Sowohl im Januar als auch im Februar, den schwierigsten Wintermonaten, lag die Sterblichkeit bei Alt-und Jungvögeln nur bei 12 %. Zweifellos übt der Druck der frühen Brutzeit und die Verteidigung der Brutreviere eine größere Wirkung aus als die widrigen Umstände des Winters. Im April treten 22,5 % der Todesfälle bei erwachsenen Eisvögeln ein.

In über 50 % der Fälle kann man keine Gründe für den Tod der Vögel finden, sie werden einfach tot oder sterbend aufgefunden.

Kälte oder Mangel an Nahrung sind die wahrscheinlichsten Ursachen. Der älteste bekannte Eisvogel wurde im Juli 1964 beringt und im Januar 1969 tot aufgefunden; das ist eine Lebensdauer von mindestens 4 1/2 Jahren. Einige Eisvögel sterben jedes Jahr aus Altersgründen. 15 % der Eisvögel werden tot auf Straßen gefunden, was auf die Wirkung der wachsenden Urbanisierung auf den Vogel hinweist. Ist heutzutage der Verkehr für einen beachtlichen Prozentsatz der Todesfälle verantwortlich, so wurde der Eisvogel in der Vergangenheit jedoch häufig wegen seiner Federn gefangen. Sie wurden benutzt, um Hüte zu schmücken und dienten in Form von „Fliegen" als Angelköder. Auch Fischer töteten den Vogel, weil sie glaubten, daß er den Fischbestand reduziere. Glücklicherweise sind wir im 20. Jahrhundert vernünftiger, und die Auswirkungen des Verkehrs werden mehr als aufgewogen durch den fast völligen Rückgang der Verfolgung des Vogels. Der Eisvogel steht in Deutschland unter Naturschutz.

Es geschieht häufig, daß Vögel gegen Fenster fliegen, und der Eisvogel neigt offenbar besonders dazu. Es ist eine ziemlich unsinnige Verhaltensweise, aber ich kenne das Fenster eines Hauses, das an einer Flußbiegung liegt und sehr vielen Eisvögeln zum Verhängnis wird. Man kann vom Flußufer aus direkt durch das große Fenster der Wohndiele und eine gläserne Innenhoftür auf den Fluß dahinter sehen. Anscheinend treffen mehrere Eisvögel pro Jahr auf diese Fenster, wenn sie versuchen, die Flußbiegung abzuschneiden. Meistens werden sie nur betäubt, die Statistik zeigt aber, daß 8 % der Eisvögel durch Anfliegen gegen Fensterscheiben sterben und daß dies hauptsächlich einjährige Vögel sind.

Natürliche Freßfeinde erlegen eine gleich hohe Prozentzahl von Vögeln. Die Hauptmissetäter sind Hauskatzen, obwohl Hermeline und Wiesel jedes Jahr einige Vögel aus den Nesttunneln holen. Man behauptet, daß das Fleisch des Eisvogels den Räubern zuwider sei; das ist eine Eigenschaft, die durch die leuchtende Farbe des Gefieders naheliegend ist. Egal, ob es wahr ist, ein Räuber muß wenigstens einen Eisvogel fressen, um das herauszufinden. In Sperbernestern sind Überreste von Eisvögeln gefunden worden, und ich habe gesehen, wie ein Sperber wenige Meter vor meinem Versteck einen Eisvogel angriff. Der Vogel (ein sehr schlaues Weibchen) putzte sich auf einem nackten Zweig, der den Fluß überragte. Plötzlich schaute sie intensiv und ängstlich flußabwärts.

Ich folgte ihrem starren Blick. Der Sperber flog flink über eine Hecke und außer Sichtweite; Sekunden später erschien er wieder, nur wenige Meter neben dem Eisvogel. Im Bruchteil einer Sekunde war die Szene handlungsgeladen. Ich konnte den Ansturm des Sperbers vor dem Versteck hören und sah, wie der Eisvogel ins Wasser tauchte. Der Sperber durchfurchte die Wasseroberfläche mit seinen Klauen, stieg steil auf und landete auf einem Baumstumpf. Noch bevor der Sperber gelandet war, erhob sich der Eisvogel aus dem Wasser und flitzte zweimal rufend flußabwärts. Nur wenige Meter entfernt sah ich den Sperber ein oder zwei Federn an Ort und Stelle rücken. Ich war immer noch über die unglaublich schnellen Reaktionen beider Vögel erstaunt. Der Eisvogel hatte bewußt den Fluß für seine Flucht benutzt, und seine genaue zeitliche Berechnung war perfekt. Wäre seine Flucht früher oder später erfolgt, hätte ihn der Sperber entweder beim Eintritt ins Wasser oder — noch wahrscheinlicher — gerade beim Auftauchen gefangen. Hätte der Eisvogel versucht, direkt zu entkommen, hätte ihn der Sperber möglicherweise sehr leicht gefaßt.

John Gasgoine, erzählte mir eine Geschichte, die eine unerwartete Form des Räubertums veranschaulicht. Er führte eine Gruppe von Vogelbeobachtern durch das Schutzgebiet, und sie verbrachten einige Augenblicke damit, einen Eisvogel, der sich in einem Dornenstrauch niedergelassen hatte, zu beobachten. Ganz plötzlich erschien eine größere Mantelmöwe über dem Eisvogel und stieß wie ein Raubvogel auf ihn herab. Der Eisvogel, der vermutlich von den umgebenden Sträuchern eingeschlossen war, wurde von der Möwe gepackt und etwa 20 m von den entsetzten Vogelbeobachtern entfernt zu einem nahe gelegenen Pfosten getragen. John war über das Verhalten der Möwe so erzürnt, daß er einen Erdklumpen nach ihr warf und hoffte, sie so zu erschrecken, daß sie den immer noch kämpfenden Eisvogel freilassen würde. Darauf stieg die Möwe langsam auf und verschlang den Eisvogel in der Luft direkt vor den Augen der Gruppe. In der Regel wäre der Eisvogel vermutlich schnell genug gewesen, um einem derartigen Angriff zu entkommen, bei dieser Gelegenheit hatte er sich jedoch keinen Fluchtweg gelassen und war durch die Dornensträucher abgeschnitten.

Einige Eisvögel verfangen sich in den Netzen, die von Forellenzüchtern aufgebaut werden, um ihre wertvolle Brut zu

Die Hauskatze ist wahrscheinlich einer verbreitesten Räuber Eisvogels.

asserfluten
berschwemmen die
istufer, ertränken die
estlinge und verbreiten
e Fische über ein
eites Gebiet, so daß das
schen für Eisvögel
sonders schwierig
ird.

schützen. Und sogar eine Angelschnur hat schon den Tod eines Vogels, der sich darin verfangen hatte, verursacht.

Der ungewöhnliche Tod eines Eisvogels trug sich zu, als er in ein Gefäß mit Kleinfischen in der Hoffnung auf eine bequeme Mahlzeit tauchte; als er drinnen war, konnte er seine Flügel nicht mehr öffnen, um wieder herauszukommen und war so innerhalb weniger Sekunden ertrunken.

Kälte oder Überschwemmungen sind für den Tod der meisten Eisvögel verantwortlich. Wir haben gesehen, welche Auswirkungen Überschwemmungen während der Brutzeit haben. Ich glaube, daß sie auch eine große Rolle bei der Sterblichkeit im Winter spielen. Der Fluß oder Bach, der dem Eisvogel vertraut ist, dehnt sich über weite Landflächen aus, und es ist beinahe unmöglich, irgendwelche kleinen Fische zu finden. Die Fischschwärme werden zerstreut, der reißende Fluß ist zum Fischen zu gefährlich, und das Wasser der Flut ist oft zu schmutzig, um darin einen Fisch sehen zu können. Folglich zieht der Eisvogel in das Revier eines anderen Vogels, und der unvermeidliche Streit beginnt. Eine ähnliche Situation tritt bei extrem kalter Witterung ein, wenn die Teiche und Bäche zufrieren. Hier wird der Eisvogel, weil die seichten Stellen zufrieren, wieder aus seinem Revier getrieben, häufig in Richtung Küste. Der Winter 1962-63 ist ein sehr gutes Beispiel für die Folgen der Kälte. Man schätzte vor dem Winter, daß an der Themse alle 2 km ein Eisvogelpaar nistete. Nach dem Winter gab es jedoch nur alle 32 km ein Eisvogelpaar.

Die Untersuchung von toten Eisvögeln zeigt, daß sie manchmal eine große Menge von Chemikalien enthalten. Die Flußverschmutzung ist in manchen Gebieten immer noch ein ernstes Problem; Landwirtschaft, Industrie und die Ortsbehörden tragen gemeinsam die Verantwortung. Leider werden nur langsam Fortschritte gemacht. Weil der Eisvogel auf einer hohen Stufe der Nahrungskette steht, ist er sehr anfällig für die Anreicherung von Chemikalien in seinem Organismus. Umweltverschmutzung tötet außerdem Fische, so daß die Flüsse nicht mehr in der Lage sind, Eisvögel zu ernähren.

Mythos und Legende

SOGAR nach dem Tode spielt der Eisvogel noch eine Rolle, weil er, wie Legenden berichten, viele Kräfte besitzt, wenn er getrocknet wird. Die alten Griechen dachten, daß der getrocknete Körper eines Eisvogels — wenn er aufgehängt wird — vor Blitzschlag schütze. Ein jüngerer „Experte", Giraldus Cambrenses (1185), war sicher, daß ein zwischen die Kleidung gelegter Eisvogel einen angenehmen Geruch verbreitet und die Motten fernhält. Das Aufhängen von Eisvögeln scheint sehr beliebt gewesen zu sein, und es wurde behauptet, daß der Schnabel immer genau nach Norden zeigen würde. Die Färbung des Vogels ist die Grundlage vieler Legenden; so soll auch eine einzige um den Hals gelegte blaue Feder vor Blitzschlag schützen.

Auf der ganzen Welt wird der Eisvogel mit der Sintflut in Zusammenhang gebracht. Wie es heißt, waren die Überlebenden der Sintflut ohne Feuer, und es war die Aufgabe des Eisvogels, ein brennendes Holzscheit von den Göttern zu stehlen. Der Eisvogel nahm ein Scheit aus dem Feuer, brannte sich aber dabei auf seiner Brust die orange Färbung ein. Wegen der Hitze ließ der Eisvogel das Scheit fallen, und dieses fiel in den Schoß des Schöpfers. In seinem Zorn packte er schnell das Scheit, warf es dem fliehenden Vogel hinterher, so daß durch das Feuer sein Steiß der Brust farblich angepaßt wurde.

Eine der schönsten Legenden hat ihren Ursprung in Frankreich. Sie berichtet, wie Noah beim Zurückgehen der Sintflut eine Taube aus der Arche ließ, die nach trockenem Land suchen sollte. Noah war jedoch ein ungeduldiger Mann und konnte nicht auf ihre Rückkehr warten, also wandte er sich an den Eisvogel, der damals ein eintöniger grauer Vogel war.

Er wählte für diese Aufgabe den Eisvogel aus, weil sein langer Schnabel seinen Mut zeigte und er keine Angst vor dem Wasser hatte. Als der Eisvogel die Arche hinter sich ließ, kam ein heftiger Sturm auf. Um dem Sturm zu entgehen, flog der kleine Vogel nach oben, um über die Wolken zu gelangen. Er wurde aber vom Blitz getroffen, der vom Kopf bis zum Schwanz einen leuchtenden blauen Streifen auf seinem Rücken hinterließ. Sobald er über den Wolken war, fühlte er die Wärme der Sonne und flog auf sie zu, kam ihr aber zu nahe und verbrannte sich seine Brustfedern. Als er sich schnell umdrehte, um wieder nach unten zu fliegen, zeichnete die Sonne seinen Steiß. Und zu der Zeit, als es ihm gelang, zur Erde zurückzukehren, waren die Wasser zurückgewichen, und so machte sich der Eisvogel auf die Suche nach der Arche. Zu dieser Zeit war die Arche aber schon abgebaut worden, und so fliegt der schön gefärbte Eisvogel bis heute die Flüsse suchend entlang und ruft nach seinem alten Herrn.

Nach der griechischen Mythologie hatte Alkyone Macht über die Winde. Sie lenkte alle ihre Bewegungen. Zeus tötete trotz Alkyones Macht über Wind und Wellen ihren Ehemann Keyx, indem er dessen Boot durch Blitz und Donnerschlag versenkte. In ihrem Schmerz warf sich Alkyone ins Meer, um ihrem Ehemann nachzufolgen. Beide wurden sogleich in Eisvögel verwandelt. Die Macht, die Seeleute der Alkyone zuschrieben, wurde auf den Alkyon-Vogel, den Eisvogel, übertragen, von dem man glaubte, daß er Seeleute schütze und Stürme beruhige. Man glaubte, daß der Alkyon-Vogel sieben Tage vor und nach der Wintersonnenwende niste und seine Eier in einem Nest aus Fischgräten, das auf dem Meer treibe, ausbrüte. Diese Tage absoluten Friedens und absoluter Ruhe auf dem Meer werden als „alkyonische Tage" bezeichnet.

Anhang: Fototechniken

JEDESMAL wenn ich über das Leben des Eisvogels spreche oder Vorträge halte, zeigt die Zuhörerschaft ein großes Interesse an den Fototechniken. Leser, die nicht selbst fotografieren, denken vielleicht, daß ein Fotograf wie ich einfach mit einer sehr teuren Kamera und einem extrem langen Teleobjektiv die Flußufer entlanggeht. Alle Fotografien in diesem Buch sind aber aus einer Entfernung von 2,5 m oder weniger aufgenommen worden, was deutlich macht, daß viel Planung, Geduld und auch gründliche Kenntnis und Verständnis für das Tier notwendig sind. Ein Eisvogelfotograf muß den Vogel in den Mittelpunkt stellen, und es ist seine moraliche Pflicht, ihn so wenig wie möglich zu stören. Ein verängstigter oder argwöhnischer Vogel wird nie eine gute Aufnahme abgeben.

Als ich zum erstenmal daran dachte, mein Interesse an Flora und Fauna auf dem Film festzuhalten, ging ich in mein heimisches Fotogeschäft und erklärte, daß ich keine Ahnung vom Fotografieren hätte, aber Vögel fotografieren wolle. Ich werde nie den Ratschlag des Besitzers vergessen, der mir empfahl, daß ich dies doch den Profis überlassen solle. Trotzdem zeigte er mir eine hervorragende Kamera, die schon Qualität ausstrahlte, und als ich durch den Sucher quer durch das Geschäft schaute, war ich mir sicher, daß ich innerhalb weniger Tage ein berühmter Vogelfotograf werden könnte. Der Preis war jedoch so hoch, daß ich völlig deprimiert das Geschäft verließ! Zwei Wochen später entdeckte ich eine second-hand-Kamera mit einem passenden ziemlich langen Objektiv – mehr als das wußte ich nicht. Der Preis war sehr niedrig. Nachdem ich mir noch 50 DM geborgt hatte, kaufte ich sie. Sie erwies sich als

Spiegelreflexkamera mit eingebautem Belichtungsmesser, aber ohne Messung durch das Objektiv. Das Objektiv war ein billiges 135 mm Teleobjektiv und hatte einen automatischen Blendenverschluß. Mit dieser Ausrüstung begann ich, mich an Vögel heranzupirschen, aber die Ergebnisse zeigten, daß es fast unmöglich war, dicht genug an den Gegenstand heranzukommen, sogar wenn das Objektiv die doppelte Brennweite gehabt hätte. Um näher an den Vogel heranzukommen, baute ich mein erstes Versteck im Garten auf, etwa 2 m vom Futterplatz entfernt. Ich fand sofort heraus, daß ich mit Hilfe des Verstecks nicht nur gute Aufnahmen erhielt, sondern auch viel stärker mit den Tieren verbunden war. Ich konnte die Flügel schwirren hören, die Unterschiede bei Individuen der gleichen Art erkennen und mich viel mehr als Teil der Umgebung fühlen, weil sich die Vögel natürlich benahmen. Meine Verstecke waren immer um einen einfachen Holzrahmen gebaut und mit verschiedenen Materialien bedeckt. Ich habe alte Vorhänge und Sackleinen verwandt. Alte Teppiche oder Linoleum sind aber vorzuziehen, weil sie nicht im Wind flattern und es einfach ist, Löcher für das Objektiv und für Sehschlitze hineinzuschneiden. Ich habe jetzt ein tragbares Versteck gekauft, das sehr nützlich ist; bei vielen Eisvogelaufnahmen mußte ich jedoch für jede neue Situation ein Versteck bauen. Ein Versteck ist meist so lange erfolgreich, wie es darin fast dunkel ist und die Bedeckung nicht umherflattert. Errichtet man das Versteck etappenweise oder rückt man tagtäglich dem Objekt näher, ermöglicht man den Vögeln, sich an seine Gegenwart zu gewöhnen.

Die erforderliche Ausrüstung ist minimal. Für die Aufnahmen in diesem Buch benutzte ich inzwischen eine Spiegelreflexkamera mit Lichtmessung durch das Objektiv. Das einzige Objektiv, das ich benutzte, war ein 100-300 mm Zoom. Ein Komputerblitz erlaubte mir, die Leuchtzeit von 1/1000 bis 1/16000 Sek. zu variieren. Das gab mir genügend Flexibilität, die Bewegung fliegender Vögel „einzufrieren" und unter der Erde in der Nestkammer zu fotografieren. Schließlich hatte ich einen kräftigen und stabilen Dreifuß, den ich für jede Aufnahme benutzte.

Ich fing an, einen Eisvogel zum Versteck zu locken, genauso wie man vielleicht Blaumeisen in den Garten locken würde. Nachdem ich einen passenden Bach ausgesucht hatte, der seicht genug war, um von mir überblickt werden zu können und sich in Privatbesitz befand, baute ich einen „Teich", in den ich

Hunderte von Elritzen setzte. Der Teich bestand aus einem Bretterrechteck mit einem Boden aus feinem Netzwerk. Die Ausmaße waren etwa 1,5 m in der Länge, 1 m in der Breite und 25 cm in der Tiefe. Nach einer Woche fischte dann ein Eisvogel regelmäßig von einem Zweig aus, den ich über dem Teich angebracht hatte. Ich entfernte alle anderen möglichen Sitzplätze in der Nähe des Teiches und stellte damit sicher, daß der Vogel dort landete, wo ich es wollte. Ich zog natürliches Licht dem Blitzlicht vor und benutzte daher Belichtungszeiten von mehr als 1/125 sek. Gleichzeitig versuchte ich, eine so kleine Blende wie möglich zu benutzen, um eine größere Tiefenschärfe zu erhalten. Ein lichtempfindlicher Film war hilfreich, und ich wählte den Ektachrome 200, den ich abends zu Hause entwickelte. Ich entwickelte den Film selbst, um mißlungene Aufnahmen sofort wiederholen zu können und es gab keine Verzögerung wie sonst, wenn man auf Filme wartet, die mit der Post zurückgeschickt werden.

Wenn ich Porträtaufnahmen machte, richtete ich zuerst den Hintergrund ein, um ablenkende Details zu beseitigen; sobald ich mich im Versteck befand, konzentrierte ich mich zur Einstellung der Schärfe auf das Auge des Vogels. Ein heller Punkt im Auge läßt das Objekt lebendig aussehen.

Balzfüttern, Kopulation und Gefiederputzen lassen sich nicht planmäßig arrangieren. Man kann jedoch die Vögel durch ein reiches Nahrungsangebot dazu veranlassen, sich vor das Versteck zu setzen. Man muß stundenlang warten. Wenn sich ein Eisvogelpaar jedoch regelmäßig aus dem Teich ernährt, ist recht wahrscheinlich, daß sich interessante Szenen vor der Kamera abspielen werden. Der einzige Rat, den ich einem sogenannten Vogelfotograf geben kann, ist, auf diese ungewöhnlichen Aufnahmen vorbereitet zu sein; und die beste Vorbereitung ist, das Objekt zu studieren und zu verstehen. Revierimponiergehabe und -aggression kann man provozieren, indem man ausgestopfte Vögel, Spiegel oder Tonbandaufnahmen benutzt. Ich bin jedoch der Meinung, daß es falsch ist, den Vogel zu lange auf diese Weise zu beunruhigen.

Flug- oder Tauchaufnahmen erfordern viel Vorbereitung. Es ist zwecklos, solange darauf zu warten, daß ein Eisvogel irgendwo auf einem Zweig landen und überall in dem großen Teich nach einem Fisch tauchen könnte. Bei so einer Aufnahme wäre er fast sicher verschwommen. Mein Ziel war es, den Vogel an einem bestimmten Punkt und in einen kleinen

Das Versteck d
Autors, das an
einem seichten
Seitenfluß auf-
gestellt ist und
an einen spezi
konstruierten
Teich angrenz

Fischbehälter tauchen zu lassen. Zwischen diesem Punkt und den Fischen konnte eine imaginäre Linie gezogen werden, an der der Vogel entlangtauchen würde. Das erreichte ich, indem ich den waagerechten Zweig durch einen senkrechten Baumstumpf ersetzte. So würde der Eisvogel oben auf dem Stumpf landen und von diesem Punkt aus tauchen müssen. Als nächsten Schritt setzte ich eine Waschschüssel mit mehreren Ellritzen in den Fluß. Sobald sich der Eisvogel daran gewöhnt hatte und ich ihm einige Male beim Tauchen beobachtet hatte, konnte ich meine imaginäre Linie mit einem Bambusstock ziehen. Nachdem ich die Kamera darauf eingestellt hatte, konnte ich ihn wieder wegnehmen. Alles, was ich jetzt zu tun hatte, war, im Versteck zu warten und im richtigen Moment den Auslöser zu betätigen. Meine ersten Ergebnisse waren wegen der Geschwindigkeit, mit der der Eisvogel tauchte, katastrophal. Ich lernte schnell, in dem Augenblick, in dem der Vogel anfing sich zu bewegen, den Auslöser zu drücken, aber trotzdem hinterließ die Geschwindigkeit der Bewegung immer noch ein verschwommenes Bild, sogar bei einer Verschlußzeit von

1/1000 sek. Nun mußte ich lernen, wie man den Blitz einsetzt, um die Bewegung „einzufrieren".

Der Lichtimpuls eines elektronischen Blitzes dauert nur einen Augenblick lang, und der Blitz, den ich benutzte, lag hauptsächlich bei 1/4000–1/8000 Sek. Er mußte wirksam genug sein, das Tageslicht zur Belichtung des Films auszuschließen, andernfalls erschien ein geisterhaftes Doppelbild.
Ein trüber Tag oder der Abend nach Sonnenuntergang war die ideale Zeit für diese Art von Bildern: Das Tageslicht reichte nun nicht mehr ohne Unterstützung des Blitzes aus, den Film richtig zu belichten. Ein Problem ergab sich aus dem physikalisch bedingten Lichtabfall: je weiter das Objekt vom Blitz entfernt ist, desto mehr Licht wird gebraucht. Deshalb geschah es häufig, daß ich Aufnahmen mit perfekt belichteten Vögeln vor einem fast schwarzen Hintergrund erhielt. Die Belichtung für den Vogel war richtig gewesen, aber in der Zeit, in der das Licht die zusätzliche Entfernung bis zum Hintergrund zurücklegte, hatte es seine Intensität verloren. Um dieses Problem zu bewältigen, versuchte ich einen zweiten Blitz einzusetzen, um den Hintergrund zu erhellen. Aus verschiedenen Gründen war das nicht befriedigend, und so mußte ich eine neue Methode erfinden. Der Erfolg trat ein, als ich mein Objekt dicht vor einer Blätterwand tauchen ließ. Der Eisvogel war perfekt belichtet, und der Blätterhindergrund war nur etwas dunkler. Ähnliche Prinzipien wandte ich an, als ich den Vogel fotografierte, wie er sich aus dem Nest wand und wie er flog.

Für die Unterwasseraufnahmen des Eisvogels waren keine fotografischen Sachkentnisse nötig. Sie waren aber sehr entmutigend und erforderten mehr Geduld als alle anderen Aufnahmen. Ich beabsichtigte, den Vogel dazu zu bringen, sich regelmäßig aus einem Aquarium, das sich über der Wasseroberfläche befand, zu ernähren. Sobald der Eisvogel das tat, führte ich wieder eine Waschschüssel in den Versuch ein. Anstatt die Schüssel im Teich zu lassen, stellte ich sie gestützt auf zwei Ziegelsteine in den Bach, und der Vogel ernährte sich weiterhin daraus. Schließlich stellte ich das Aquarium in die Schüssel, einige Tage später entfernte ich sie, so daß ich durch die Glasscheibe fotografieren konnte. Das dauerte nicht nur lange, sondern erforderte auch einen ständigen Fischvorrat. An vielen Tagen verbrachte ich mehr Stunden damit Fische zu fangen, als den Vogel zu beobachten.

Das erste Aquarium, das ich benutzte, war unbrauchbar, weil es aus Plastik bestand und jeder Kratzer durch den Blitz

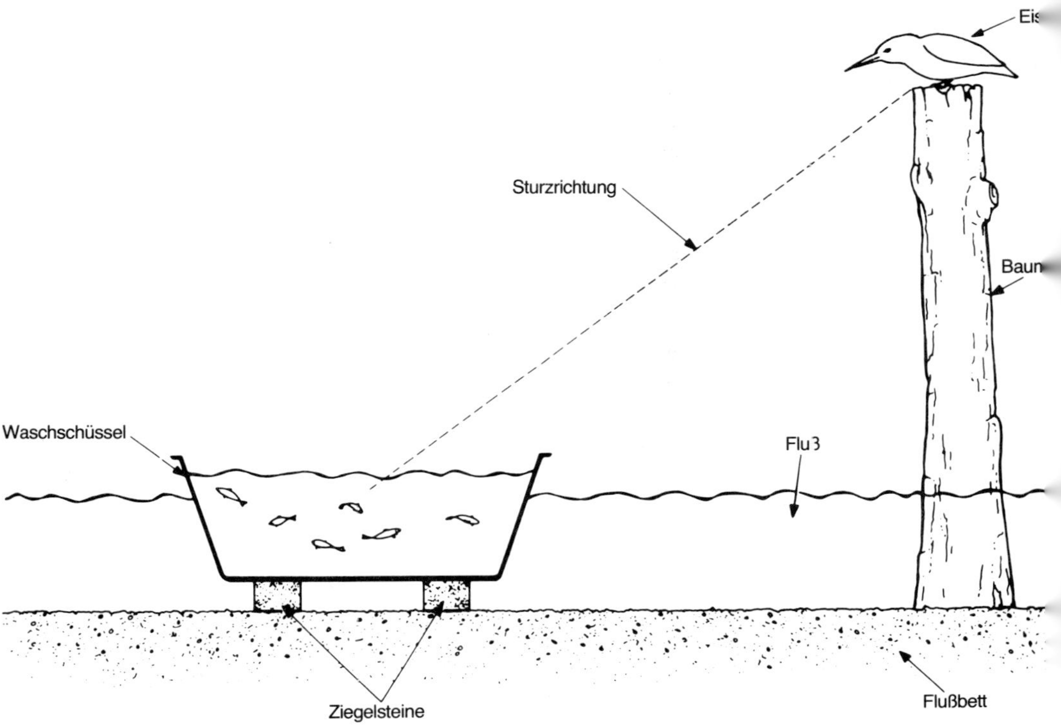

beleuchtet wurde. Die Ergebnisse waren nicht gerade das, was ich erhofft hatte, sie ermutigten mich jedoch weiterzumachen und verschafften mir Ideen für den nächsten Versuch. Schließlich baute ich ein spezielles Aquarium aus Glas, das es mir möglich machte, den Vogel in ein begrenztes Gebiet tauchen zu lassen. Es war wichtig, den Vogel anzuspornen, tiefer zu tauchen; andernfalls war nur eine Unmenge von Luftblasen auf den Bildern zu sehen. Hintergründe, Winkel des Blitzes usw. mußten berücksichtigt werden, und etwa nur eine von fünf Unterwasseraufnahmen zeigte den Vogel zu meiner Zufriedenheit.

Diese einfache Vorrichtung befähigt den Autor, die genau[e] Linie des Tauchvorgangs beim Eisvogel zu berechnen und das Tauchen auf Film festzuhalten.

Bevor ich erkläre, wie die Bilder unter der Erde in der Nestkammer aufgenommen wurden, will ich ausdrücklich betonen, daß der Eisvogel nach der Bundesartenschutzverordnung (BArtSchV) vom 25. 8. 1980 laut § 1 (1) unter besonderem Schutz steht. Das bedeutet, daß niemand ohne die Erlaubnis der Naturschutzbehörde ein Eisvogelnest stören darf oder sogar ein Versteck am Nestloch eines Eisvogels aufstellen darf. Ich hatte die Genehmigung für mehrere Jahre erhalten, die Altvögel zu fotografieren, wie sie Fische zum Nest brachten und wie sie hinein- und herausflogen. Die Genehmigung schloß aber Beobachtungen im Nest aus. In Anbetracht der Arbeit, die ich über diesen Vogel in den vergangenen 4 bis 5 Jahren gemacht hatte, bekam ich ausnahmsweise die Erlaubnis, die Vögel in der Nestkammer beobachten zu dürfen.

Wieder einmal mußten Vorbereitungen getroffen werden, sogar bevor die Vögel mit ihrem Nest begonnen hatten. Ich ging viele Kilometer am Fluß entlang, um an allen in Frage kommenden Nistufern Zeichen zu machen. Dann besuchte ich diese Ufer regelmäßig, um nach den Anfängen eines Nesttunnels Ausschau zu halten. Wenn ein Tunnel an einer passenden einsamen Flußstrecke begonnen worden war, pflegte ich zu berechnen, wo die Nestkammer gebaut werden würde. Nachdem ich den Rasen vorsichtig entfernt hatte, konnte ich ein etwa 30 cm^2 großes Loch bis tief in die noch nicht gebaute Nestkammer graben. Das Loch wurde nur auf einer Seite gegraben und dann vorsichtig vergrößert bis zu dem Punkt, wo es vermutlich an die Kammer angrenzen würde. Es war wichtig, die Erde und den Rasen über der Kammer nicht in Unordnung zu bringen, andernfalls hätte das Dach einstürzen und auf die Vögel fallen können. Ein Holzbrett wurde dicht an die Außenseite der Nestkammer angepaßt, das Loch gefüllt und der Rasen wieder hingelegt. Wenn meine Berechnungen richtig waren, würde die Kammer hinter dem Brett, das als Seitenwand zur Kammer dienen würde, gebaut werden.

Nach 2 Wochen fingen die Vögel an, vorwärts aus dem Nest herauszukommen, also wußte ich, daß die Grabearbeiten fast beendet waren. Ich glaubte, daß es klug wäre, noch eine Woche zu warten, bevor ich nachsehen würde, ob meine Berechnungen stimmten. Ich entfernte den Rasen und grub das Loch wieder auf, dann entfernte ich die Erde vor dem Brett. Als ich behutsam das Brett abkippte, lag dahinter die fertig geformte Kammer mit einem einzigen weißen Ei auf dem nackten Boden. Ich besichtigte das Gelege nach einer weiteren Woche, und 7 Eier waren gelegt worden. Jedesmal wurde das Brett wieder eingesetzt, das Loch gefüllt und die Erde wieder mit Rasen bedeckt.

Ich wartete, bis die Jungen ein gutes Stück gewachsen waren, bevor ich versuchte, Aufnahmen zu machen, denn ich vermutete, daß es dann weniger Schwierigkeiten geben würde. Sie waren in der Lage, ihre eigene Körpertemperatur zu halten, und die Eltern kamen nur zum Nest, um sie zu füttern. Wieder

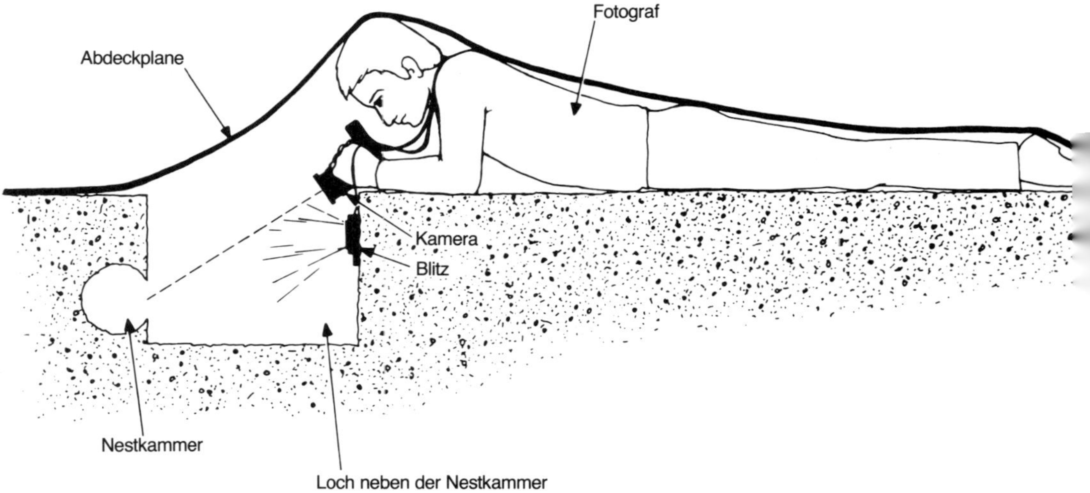

Fotografieren des Eisvogels in der Nestkammer

einmal grub ich das Loch auf, und dieses Mal wurde das Brett ganz entfernt. Mehrere Lagen schwarzer Decken legte ich über das Loch, so daß die Kammer wieder in Dunkelheit gehüllt war. Vom Versteck aus beobachtete ich die Altvögel, um zu sehen, wie sie reagierten, wenn sie zum Nest und dessen neuer Erweiterung zurückkehrten; beide Vögel kamen und gingen wie immer. Die Kamera und der Blitz wurden dann unter den Decken in die richtige Position gebracht, und ich wartete erneut im Versteck die Reaktionen der Altvögel ab.
Überzeugt davon, daß alles in Ordnung war, legte ich mich oben auf das Ufer und schaute durch das Loch in die Nestkammer. Nachdem ich mich mit den Decken bedeckt hatte, spähte ich in die Dunkelheit. Es dauerte mehrere Minuten, bis ich die Umrisse der Jungen ausmachen konnte. Die Flügelschläge des Altvogels kündigten mir sein Kommen an. Weil sein Körper den Tunnel ausfüllte, war es jedoch schwierig, überhaupt etwas zu sehen. Auch jetzt ließen sich die Altvögel nicht im geringsten stören. Ich fotografierte mit einem kleinen Blitz und Blende 22 an meinem 100–300 mm Zoom. Die Vögel beachteten den Blitz überhaupt nicht, obwohl es aus dieser Entfernung sehr hell gewesen sein muß.

Im gleichen Nest wurde eine zweite Brut aufgezogen, was darauf hinweist, wie wenig ich gestört hatte. Also glaubte ich, angesichts meiner vorhergehenden Erfahrung, daß es ungefährlich wäre, die Eier und jüngeren Entwicklungsstufen der Eisvogelbrut zu fotografieren. Immer wenn ich das Nest verließ, mußte das Brett wieder an Ort und Stelle gelegt werden und nachdem ich das Loch gefüllt hatte, legte ich wieder den Rasen darauf. Auf dem Bauch zu liegen und den Kopf in ein übelriechendes Loch zu halten, war nicht die angenehmste Art, Vögel zu beobachten, es war aber äußerst lohnend, so einen vertraulichen Teil des Eisvogellebens zu beobachten und zu fotografieren.

Die Voraussetzungen für die Vogelfotografie würde ich folgendermaßen zusammenfassen: 10 % bestehen aus den Grundkentnissen der Fotografie, 15 % aus einem phantasievollen und erfinderischen Geist und 75 % aus Zuneigung, Verständnis und Begeisterung für den Gegenstand.

Anmerkung des Verlages:
Es sei an dieser Stelle nochmals ausdrücklich darauf hingewiesen, daß sich jeder, der ohne Genehmigung und wissenschaftlichen Grund dazu veranlaßt sieht fotografische Aufnahmen am oder gar im Nest des Eisvogels durchzuführen, strafbar macht und mit empfindlichen Strafen rechnen muß. Darüber hinaus wäre es ein Vergehen an unserer ohnehin schon zu stark gefährdeten Vogelwelt und Natur allgemein.

Nisthilfen für den Eisvogel

LEIDER ist es nicht ganz so leicht, dem Höhlenbrüter Eisvogel zu helfen, wie z. B. Meisen, Fliegenschnäppern und anderen. Deshalb sollte man sich seine Maßnahmen, bevor etwas unternommen wird, genau überlegen und prüfen, welche in dem betreffenden Gebiet überhaupt sinnvoll erscheinen.

Ehe man sich zur Errichtung irgendeiner künstlichen Eisvogelnistgelegenheit entschließt, ist jedoch unbedingt festzustellen, ob nicht an einem noch natürlichen Gewässer, welches von Eisvögeln zum Nahrungserwerb besucht wird, mit wenig Arbeit eine Böschung als Niststeilwand umzugestalten ist.

Erst wenn man das Gelände genau untersucht hat und sich keine potentielle Nistwand finden läßt, kann man prüfen, ob es möglich ist, eine künstliche Nistwand zu errichten.

Diese Arbeit ist jedoch mit erheblichem Aufwand verbunden und erfordert einige Fachkentnisse.

Die m. E. beste Beschreibung für den Bau eines solchen, sog. „Mündener Nistblocks", der auch der Uferschwalbe eine Nisthilfe bietet, liefert Waldschmidt (1975 und 1982):

„Man errichtet eine Verschalung, hinter der das Kalk-Boden-Gemisch aufgeschüttet und verdichtet wird. Als Bodenmaterial dient lehmiger Sand (ohne humose Bestandteile!), wobei der Lehmanteil (Ton-) nach Möglichkeit nicht mehr als 30 Gew. % des Gesamtmaterials „Boden" ausmachen sollte. Andernfalls ist entsprechend viel Sand zuzufügen. 1 m^3 Bodenmaterial wiegt erdfeucht (nicht naß!) zwischen 1,3 und 1,7 t; man rechnet im Durchschnitt mit 1,5 t je m^3. Als Bindemittel dient Weißfeinkalk (CaO, DIN 1060), der in einer Menge von 4 bis 8 Gew. % (bezogen auf das Bodengewicht) zugefügt und mit dem Mineralboden innig vermischt wird. (Beispiel: Bei einem Bodengewicht von 1,5 t/m^3 und einer Kalkdosierung von 6 Gew. % sind also ca. 90 kg Weißfeinkalk oder ca. 1 dz erforderlich).

Es ist empfehlenswert, in einigen Vorversuchen, etwa in 5 Ltr.-Eimern, Probekörper aus dem Boden-Kalk-Gemisch – mit verschiedenen Kalkdosierungen – herzustellen und deren Festigkeitsentwicklung zu beobachten; das Gemisch darf nicht zu weich bleiben bzw. zu fest werden. Im übrigen hat es sich bewährt, Baufachleute zu Rate zu ziehen, die Erfahrungen im Umgang mit diesem Baustoff haben.

Der mit Kalk vermischte Boden wird lagenweise aufgeschüttet und sofort verdichtet. Die Tiefe des Nistblocks sollte nicht zu knapp bemessen werden, damit die Frontseite nach einiger Zeit wieder senkrecht abgestochen werden kann. Nach 1–2 Monaten kann die Verschalung entfernt werden."

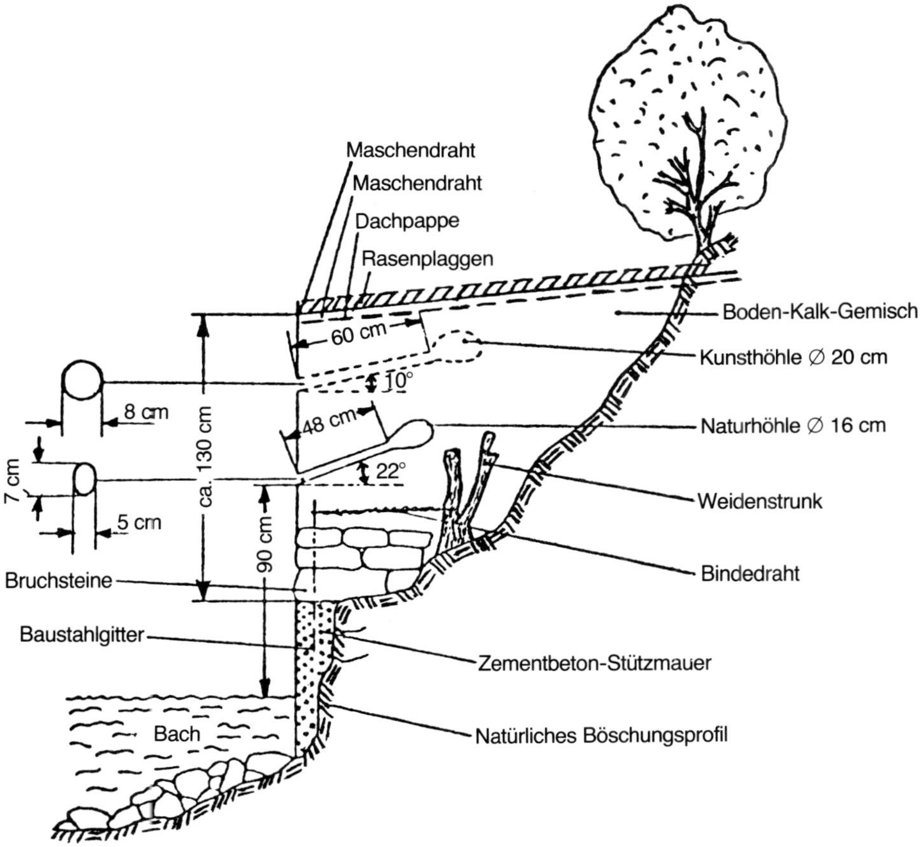

Schematischer Schnitt durch den „Mündener Eisvogel-Nistblock"
(nach WALDSCHMIDT 1975)

Register

Die **fett**gedruckten Zahlen verweisen auf Farbaufnahmen, *kursiv*gedruckte auf Schwarz-Weiß-Zeichnungen.